食之道 貳

粵菜溯源錄

陳夢因（特級校對）著

食之道（貳）粵菜溯源錄

作　者：陳夢因（特級校對）
責任編輯：洪子平
封面設計：張志華
出　版：商務印書館（香港）有限公司
香港筲箕灣耀興道三號東滙廣場八樓
http://www.commercialpress.com.hk
發　行：香港聯合書刊物流有限公司
香港新界荃灣德士古道 220-248 號荃灣工業中心 16 樓
印　刷：中華商務彩色印刷有限公司
香港新界大埔汀麗路 36 號中華商務印刷大廈 14 字樓
版　次：二〇二三年十月第一版第二次印刷

ISBN 978 962 07 5594 1
Printed in Hong Kong

目錄

序一　星河

特級校對的《粵菜溯源錄》要出版，囑我寫篇序。我和「特級」訂交六十年，但不是飲食朋友，他已成為有名的食家，我卻是美食的文盲。分屬知交，文債難卻，惟又不知從何説起。

猶記初識，我們是在《大光報》樓上，大家都很年輕，我更視報館如第二家庭，天天到那裏去。後來日本侵略東北，人心愛國，皆有匹夫有責之感。京、滬各地熱血人士，紛紛北上，到東北聲援。遠在南方英國割佔地的香港，對國事向來比較淡漠，及百靈廟戰起，卻有一人奮身而起，單刀匹馬，直奔塞外，在綏遠各地，冒鋒鏑之險，採訪抗日戰爭中可歌可泣的故事。他就是「特級」，一個才入報壇不久的記者。這一件事，可説是香港新聞界的創舉，不由得我們不敬佩。他回來之後，寫過《綏遠紀行》，報道詳盡，輯成一書。當時我藏有的一本，因歷年變亂遺失了。「特級」本人也未有保存，以致失去了香港新聞史料不尋常的一頁，實在可惜。

二次大戰發生，香港陷落後不久，「特級」全家坐首次開航到廣州灣的客輪，經過寸金橋逃難至大後方，蟄居戰時文化中心之桂林。

其後撤至大後方之「覺先聲粵劇團」，只在柳州以南幾個城鎮上演，經多方設法，仍未能到桂林上演，終由「特級」出面，義助到桂林公演，繼而到湖南亮相，這是粵劇在湘公演的第一次。

張雪峰之「藝聯粵語話劇團」，馬師曾、梁醒波之粵劇團先後在桂林亮相，「特級」可說是開路先鋒。

戰後，「特級」重操故業，頗有表現。遊戲文章之「波經」與「食經」，也名噪一時，在「波經」創用「擁躉」（徹底擁護之意）一詞，至八十年代，仍時見爬格子者引用。

二十多年來，「特級」雖頤養林泉於美國西岸，報章刊物仍常見「特級」之「食經」，於飲食研究，至今鍥而不捨。

新作《粵菜溯源錄》，為近年「特級」溯廣州、潮州、東江、順德四系「粵菜」之源的二十多篇文字輯成。有關粵菜之沿革與形成，下過不少鑽研工夫。

廣東一省，竟有四系菜，形成與發展多有關連。如名之為「鳳城菜」之順德菜，與中山、番禺等縣都有關係；潮州菜魚翅烹製之濃膩，為全省之冠。所以濃膩，則始於廣州，但是，廣州人口味偏愛濃膩之魚翅者很少，而是始於清代駐廣州的滿籍大員。為表達某一菜系、某一道菜之背景，故事之完整性，讀者會發現書中若干章節涉及重複的寫法，可能是為了方便讀者選讀時可窺其全豹。我覺得本書內容，不只有相當高的知識性、技術性與趣味性，也為飲食業之弘揚、開拓提供了若干可參考的繼承資料。公關發達的世紀，人們的飲食酬酢必不可免，做東道，做嘉賓，甚至作為談資，此書也值得一讀。是為序。

序二　胡雍

嘗聞人言：「三代富貴，然後知飲食。」竊未敢然之。衣食住行，民生要素，口之於味，有同嗜焉。公卿巨賈，販夫工農，皆有所好，自有所知，質料烹調，善為配合，乃成佳饌。穗垣「大馬站菜」出於驛夫而上達撫台，可徵信矣。

余友「特級校對」，一介報人，稔其非閥閱也，近年耽寫《食經》，絲絲入扣，頗窺其竅，乃品嚐之際，作學術性探研，得其奧秘，筆而見之於世，昭譽一時。食肆有新菜譜，以易牙知味，輒邀試評，每能發其所知，提供參酌，人益慕之，又豈能以老饕目之乎。

食在廣州，家喻戶曉，粵菜以珠江三角洲烹調為主流，能享其名，自有其道。近作《粵菜溯源錄》，列粵菜為廣州、潮州、客家、順德四系，認為食制設肆經營，以地域作招徠，自有專特之長。順德屬廣州府，菜譜別有風致，自可另樹一幟，其鞭辟辨析，體大思精，有如此者。晚近科技日進，有其科技專家，要之不外作民生之大用。飲食為人生不可或缺，其能追本溯源，發皇以求盡善，殆亦此道之科技專家歟？以其有得而不自珍，則茲錄將為粵菜增其異彩，流傳久遠，豈徒大快朵頤於一時，乃樂為之序。

▶年逾八旬的特級校對。

前言：「中國熱」與「雜碎」

「民以食為天」之神州各地，飲食文化是否發達，同政、經、文、物都有關係。「南蠻」之廣州曾獲致「食在廣州」的美譽，最突出的不過是「盡有天下食貨」。割烹可稱有藝術價值，如清初的川菜，中葉之揚州菜，「南蠻」①在國外的「雜碎」，細說起來都會發現有些血腥氣息。

近代川菜清初形成

四川菜割烹精彩，始於清初順治年代（公元一六四六年）肅親王射殺「大西國王」張獻忠以後，南北及中原各省的炎黃子孫大量西徙四川，與少數川人交流了彼此家鄉的割烹技藝所創出來的。如果沒有戰亂而致川人稀少，沒有大量炎黃子孫西徙四川，後有較安定的生活，不一定會創出新的一系割烹精美的四川菜。故近代川菜細說起來，會發現有血腥氣息。

①「南蠻」一詞，原是中國古代對南方落後部族的稱呼，後來成了北方人對南方人的蔑稱。特級校對認為粵菜無論技術與價值，均不比其他菜系差，因此書中經常使用「南蠻」一詞，以作反諷。

康熙當政（公元一六六二年）後，發現被統治的漢人對統治的皇朝未盡是口服心服，為了不想燃起反清的火焰，開始重建揚州。所以要重建，因揚州已成廢墟，豫王多鐸入關後殺揚州人逾百萬。雍正以後的乾隆（公元一七三六年）為消弛漢人不滿的情結，認為重建揚州有必要。斯時風調雨順，四海昇平，乾隆先後南巡多次，必經揚州，且駐驛若干天。

揚州定製大小「滿漢」

揚州飲食之多彩多姿，由於清皇是始作俑者。「滿漢全席」萌芽於乾隆訪錢塘陳閣老，制定款待皇帝的「滿漢」一百三十品，王公大臣的小「滿漢」一百零八品，是揚州鹽商河督搞出來的。

▶ 舊版《粵菜溯源錄》封面。

川菜以割烹突出，由於有相對安定的環境；揚州餚點則以精奢見勝，能夠精奢，由於當時鹽商富甲天下，年花數百萬兩之治黃、淮經費，流入做官的宦囊者不少。所以「不時不食」，「失飪不食」，「不得其醬不食」，故揚州飲食稍奢為史上少見。皇帝既未干預他們飲食的奢侈，目的不過為了收買人心，還有意無意之間讓鹽商河道把揚州弄成飲食天堂。如果皇帝輕描淡寫地說句「俸以養廉」，不特治河官員的飲食不敢奢侈，鹽商款待王公大臣的飲食也未必敢過度揮霍。

奉承為了升官發財

那個年代，鹽商河道的門下清客竟有專司飲食包打聽的。以近代術語說就是飲食特務，這是史上少見的。所以要僱用飲食特務，為的是要打聽某河官或鹽商，宴王公大臣喝甚麼酒，吃甚麼菜，輪到自己做東道，無論酒餚都盡其可能，弄到極為精美。

所以要奉承巴結王公大臣，當然有其目的，簡單如在皇帝面前替他們說句好話，也有以升官發財為目標的。連宮廷妃嬪、王公大臣眷屬過境或旅遊揚州也同樣以盛筵款待。

蔡廷鍇等先後訪美

三十年代蔡廷鍇等人先後訪美。其時美國經濟復蘇不久，商情形勢還未大好，各地唐人街之中菜館在慘淡中經營。及蔡等人訪美，不特唐人街掀起前所未有的歡迎熱潮，美國朝野也要一瞻其手采，參加歡迎行列及盛宴的大有其人。

美國華僑的「南蠻」佔絕大多數，蔡既是「南蠻」同鄉，撩起鄉國之恩，益增親切。中菜館自朝至夜開流水席，遠居唐人街百里外的華僑父子、爺孫與婆媳，也到唐人街參加盛宴，絡繹不絕。原已奄奄一息之中的菜業由是像服了一粒還魂丹。

四十年代有「雜碎」館

「七七」蘆溝橋事變發生，炎黃子孫實行焦土抗戰，美國華僑積極支援，美國朝野也出現「中國熱」，與蔡等訪美不能說毫無關係。

「中國熱」出現以前，中菜館幾全由「南蠻」，包括築路工人之子孫在內之華僑經營，其始並無「雜碎」名稱。最早出現「雜碎」一詞是清末李鴻章訪美。

四十年代開始，「中國熱」步步高升，各地唐人街古董店穿清朝服之炎黃子孫的工筆祖先像，也被視為極有文化藝術價值之古董，被搶購一空。牛扒世家每週如不吃一次中菜，好像有了甚麼損失。多數美國人認為：「中國菜即是『雜碎』，『雜碎』就是中國菜。」中國菜到了求過於供的時候，新開的中菜館，招牌上索性寫上「雜碎」二字，如今美國詞彙也有「chop-suey」一詞。

川、揚菜為食貨所限

四川菜在清代的割烹有所突破，亦因四川有「天府之國」的美稱，物產豐饒。揚州菜製作精奢，同樣有政、經、文的支持；但經濟則比四川優越，豪富官商特多，「一食萬錢」不在乎，故揚州之奢食甲全國。但四川菜、揚州菜山珍海錯作料不多，即使乾製品，彼時交通不暢，羅致也不易。

地道的四川菜不會有「麻辣龍蝦」，揚州菜不會有「清蒸蘇眉」；這不是川、揚人沒吃龍蝦、蘇眉的興趣，而是兩地都不近海。

揚州「白湯麵」的白湯極為濃鮮，那是火腿、老雞、豬肉熬成，但揚州廚師不一定知道北海沙蟲的鮮，可與豬、雞共比高。四川廚師做「抄手」餡也不會想到加些烘香左口魚粉的。這是川、揚菜食貨不充足而致有所限制的舉例，而非說川、揚菜割烹不夠藝術。

「食在廣州」只一「食」字

唐代開始，官場已視做廣州官，即使小官也是肥缺。故自北地南來廣州做官的，會驚詫廣州食貨之多，或是南來的驛使，跑單幫南來的商人，發現廣州的食貨確比北邊各地的多。閒聊中談到食，認為「食在廣州」日子久了，成了口頭禪。所見的古籍還沒發現「烹在廣州」的話。食貨既多的廣州，有興趣於割烹藝術的人們，對主副作料與配搭自然而然地多花樣。

「雜碎」是「南蠻」菜的一部分。「南蠻」菜作料充足，山海奇珍也不少。古老年代的「食在廣州」有可能只指一個「食」字而言。「天下食貨，粵東盡有之，粵東所有食貨，天下未必盡有。」屈翁山（大均）說這話的年代還沒有包括「番舶」運來的。

「雜碎」既是「南蠻」飲食的一部分，經營割與烹也負了多花樣的包袱。雖然不少炎黃子孫瞧不起「雜碎」，但它竟能在科技先進的走資社會食壇吃香逾十年。所以吃香在於「南蠻」食貨多，割烹變化多。

三十年代，美國中菜館的廚房，正途出身的廚師已有限，名廚或特級廚師即使有也是鳳毛麟角。

四十年代，掛「雜碎」招牌生意甚是興隆。在廚房弄刀鑊的仍是過去的一羣。增加的人手多是毛手毛腳的。或曰：為甚不到太平洋彼岸請救兵？當時炎黃子孫移民美國的新法案尚未完成，又怎可請救兵來？於是行路不用手杖的阿公、阿婆在廚房做「先鋒」的非偶有所見。

「雜碎」被「中國熱」捧起

由於「南蠻」餚點不特食貨多，副作料與味料還有歐羅巴與南洋七州府的，「南蠻」平日的家常菜，僅「療食」的家常湯菜，起碼有千種。一般的割烹技藝，唐代已開始逐漸南移，「南蠻」的蒸、炒、燉、焗諸技，且有青出於藍的。為供應不斷增加的「中國熱」食客需要，「雜碎」館亮相過「南蠻」宴客菜的鮑、參、翅、肚，繼而是燒臘、滷味，「鹹蝦碗頭」可能也亮過相。主客觀經過實踐以後，終於達成統一，「中國熱」食客對鮑、參、翅、肚等沒興趣，卻視竹筍、馬蹄為作料的菜不能缺，蓋美國不產此兩物。也不能沒有「叉燒」與「甜酸豬肉」（咕嚕肉），美國廚師燒豬肉弄不出甘味。不鹹、不甜、不酸、不辣，又兼有鹹、甜、酸、辣的味道的調配，也非美國廚師所能。當然還有其他適合美國人的食性與食風的菜式。

四十年代開始，「雜碎」在美國食壇吃香，到六十年代才走向下坡。直至八十年代，「叉燒」、「甜酸豬肉」等幾個「雜碎」菜仍未被美國人敬而遠之。

「雜碎」吃香的四五十年代，直接間接養活了以百萬計之炎黃子孫。

六十年代，國際知名之學者專家，在四五十年代吃過「雜碎」館「企台」、洗碗、「鑊尾」①、打雜飯的，實繁有徒。直到八十年代，有些學者專家在中菜館吃飯，付出的小賬常比其他食客多，就是「本席也曾嚐過這樣滋味」一點心意「回饋」的表示。

① 廚房職位之一，負責煎炸食物及炒粉麵等工作。

「雜碎」直接間接養活逾百萬炎黃子孫，可從美港僑匯、唐山雜貨輸美的記錄可找出若干答案。

「中國熱」製造「雜碎」館

所謂「中國熱」的種子，是日本兵於一九三一年九月十八日在中國東北投下的。一九三二年一月廿八日夜，上海日軍迫炎黃子孫以碧血使它發芽。一九三七年的「七七」蘆溝橋事變，睡獅怒吼了，炎黃子孫奮起抗戰，使「中國熱」的溫度加速提升。一九四一年日軍突襲珍珠港，「中國熱」爆出燦爛火花，美國人多高興與炎黃子孫為友，均欲認識中國歷史文物，以致常吃「雜碎」以示思想不落伍，更令接觸中國文化的興趣（oriental touch）開始流行。對炎黃子孫不敬的「Chinaman」也消失得無影無蹤。

史家說：「一個忘記歷史的民族，注定重蹈覆轍。」「雜碎」是「南蠻」列祖列宗的飲食文化遺產，在二十世紀的偉大時代，服務過以億計之「中國熱」者，也養活了以百萬計的炎黃子孫，有朝一日史家要治「南蠻」食史，「雜碎」是值得大書特書的一章。

粵菜溯源錄

壹：廣東食風

天下至味的禾蟲

生長在禾蟲產區或附近城鎮之「南蠻」，鮮有沒啖過禾蟲的。「老公死，老公生——禾蟲過造恨唔返」是「南蠻」很古老的民謠，即是說，丈夫死了可再醮，禾蟲產期不吃，是無法補償的損失。

還有另一個故事：

一婦人喪夫。道教喪禮，由南巫先生開道，死者兒女拿着面盆隨後，到有水井的地方「買水」給死者洗臉。沒生下兒女，又沒有親屬的，只好由新寡的婦人去「買水」。她拿了面盆，隨着南巫先生出門，轉到街角，遇着挑擔叫賣禾蟲的，孀婦告訴南巫先生：「稍候一會兒。」她雖穿縞衣素服，不慌不忙地走向賣禾蟲的擔子，買了半盆禾蟲拿回家去，倒在盛器裏，再拿面盆出門，哭哭啼啼地隨南巫先生「買水」去。

珠江水田多產禾蟲

禾蟲生長在「南蠻之域」，珠江三角洲及附近內河有水田的地區。

每年有兩造，初夏與仲秋，出現的時間長短，大概是二三次潮汐，在清水裏也活不到半天。

禾蟲的學名是疣吻沙蠶，初夏即大量棲息、浮游在珠江的水田區，「南蠻」稱之為「禾蟲」。禾蟲前端為頭部，包括兩部分，即口前葉與圍口節。口前葉之背有四隻眼，呈梯形排列；前端有一對觸手，其後有較粗大一對觸角。口前葉之後為圍口節，兩側共有四對觸鬚，圍口節有一可翻出的吻，其末端有一對大顎和口。圍口節之後，有很多相似的體節，除末一節外，每一體節兩側各具一個片狀的疣足，每一疣足都有剛毛，所以這類動物也叫多毛類，疣足供運動之用。

疣吻沙蠶棲息於泥或沙泥底內，個體大小常與棲處的深度相關，即隨深度的增加而增大。當沙蠶蟲體在進入性成熟前，其形態上發生若干變化，此變化現象叫做生殖態或婚前現象。其變化表現在四隻眼明顯變大，圍口節觸鬚變長，身體中後部疣足加寬。此外，體壁肌肉組織溶解且重組，腸和膈膜被吸收消失。雌蟲體內生殖器官不斷產卵，滿體腔中；雄蟲體內也同時充滿精子。在適當條件下，每年農曆四月八日和中秋節，前後兩次，離開棲息地，起浮於水面游泳，排精放卵，這種現象稱之為「羣浮」。精卵結合後，發育成幼蟲，然後再沉到泥底繼續生長。

挑擔上街賣禾蟲

疣吻沙蠶在南京、上海、福建都有，在廣東分佈於珠江口一帶，水田區的水稻田泥底。禾蟲的棲息密度很大，禾蟲嚙食稻根，給水稻帶來不少損害。

每屆疣吻沙蠶羣浮時，農民就撈網，這時的禾蟲體長約六十至七十毫米，六至七毫米寬，體內充滿生殖腺，營養豐富，味道極為鮮美。

水田多的鄉鎮，有人給鄉鎮公所若干代價，取得撈網專利權，當禾蟲羣浮期近，在田基蓋搭可住數人的竹棚，並準備載禾蟲的小艇。在竹棚附近，又弄若干個密度不大的長布袋，在重要的坑口，弄好綁有布袋的設備。

人則住在竹棚，守候潮漲，如發現水中有禾蟲浮游，則在坑口縛上布袋，潮水開始退時，難以計算的禾蟲，不斷流入布袋，至有相當數量時，換上另一個布袋。已有很多禾蟲流入的布袋，則把禾蟲傾進小艇裏。

潮退的時間，多在半夜。及至天亮，潮水已退盡，小艇也載了十餘至數十擔禾蟲。網撈禾蟲的，便吹響以牛角製成的號角，召挑擔賣禾蟲的鄉人來買禾蟲。

賣禾蟲的盛器也是特製的，約二尺直徑，七寸高的圓木盆，四邊繫繩以便挑擔，每盆可載四五十斤禾蟲。盛了兩盆禾蟲的農民，就挑擔入市或下鄉四處喚賣。

天下至味「禾蟲全席」

不產禾蟲之澳門，也可吃到活禾蟲，香港則禁售，據説有礙衛生。

其實生猛的禾蟲，用清水洗過，濾去清水，並無不潔。下少許鹽，禾蟲就變成漿，加欖角蓉、古月粉（胡椒粉）、陳皮末、蒜蓉、雞蛋、粉絲或油條拌勻，隔水蒸熟，就是「南蠻」最普遍的「燉禾蟲」。把燉成糕狀的禾蟲切成骨牌形，煎或蘸粉炸之，是下酒佐膳的美食。

患腳氣病症之「南蠻」，吃用眉豆、蒜頭煲禾蟲乾，據説有消腫之效。

禾蟲當造的季節，有太陽的日子多，網撈或賣禾蟲的賣不去的，趁禾蟲還沒嗚呼哀哉前，用清水把牠洗淨，濾去水分，摘下若干蕉葉，又用清水洗淨，把禾蟲放在蕉葉上曬乾，或以焗爐焗熟已洗淨的禾蟲，就是禾蟲乾。

「南蠻」既視禾蟲為天下至味，不特一輩子吃不厭，還把禾蟲為主料，弄成「禾蟲全席」。

「禾蟲全席」有幾個菜？就記憶所及，下列的便是：

一、金菜禾蟲湯——花生、白果、陳皮、薑、禾蟲、金針（後下）。

二、蓮藕煲禾蟲湯——蓮藕洗淨，切之為二，放進瓦煲內，加水及禾蟲，然後煲之，禾蟲遇到熱，游進藕孔裏，煲至蓮藕夠火候，切片吃之，藕孔中有禾蟲，味道鮮美。

三、禾蟲栗子燜燒腩——蒜頭、薑、古月粉、陳皮等。

四、醃鹹禾蟲蒸臘肉。

五、禾蟲燜柚皮。

六、乾燉禾蟲——主、副作料與「燉禾蟲」相同，以器盛之，放在鑊裏，不加水蓋密，慢火燉之，以燒一支香的時間為度。

七、炒禾蟲——用大熱水拖過，再煲至僅熟，以筲箕盛之，濾去水分，以少許油爆過蒜蓉，下禾蟲後烘乾盛起備用。米粉炸過，然後炒熟豆芽，再下韭黃、禾蟲加味翻勻。

八、禾蟲炒蛋——洗淨禾蟲，濾去水分，蒜蓉起鑊，下禾蟲後加鹽，禾蟲即變成漿，盛起，放在已用油、鹽、古月粉焙過的雞蛋中，下鑊炒之。

九、假禾蟲——是香港周壽臣爵紳府上創製。想起吃禾蟲，連禾蟲乾也吃光時，只好吃假的。用生蠔代禾蟲，把生蠔弄淨去枕①，弄爛，加上燉禾蟲的材料，燉熟便是。吃不完的，蘸粉或蛋炸之，尤為甘香可口。蠔漿的氣味與禾蟲差不多，但要品嚐過燉或炸禾蟲的，才可道出其然和所以然。

① 枕，指生蠔厚韌的肉足。

禾花雀

「南蠻」所欲也

禾花雀與禾蟲，同是「南蠻」的「不時」不得而食的季候食物。

童年時，聽人們說，禾花雀是珠江水的小黃魚所變。牠們既無鳥巢，也沒人見到牠們飛行，在一夜之間，以千以萬計，佈滿在水稻田裏，如非魚變，又從何來？

禾花雀其實不是由魚變的，牠的學名叫做黃胸花鵐。每屆秋天，牠在廣東的水稻田，揚花抽穗時節，大羣出現在田裏，「南蠻」稱之為禾花雀。

禾花雀在中國東北與內蒙古一帶繁殖，遷徙時遍及全國。雄的上胸有栗色橫帶，雌鳥沒有。全長約一百五十毫米，體重約三十克。

孔子也愛吃禾花雀

禾花雀每年五至七月，繁殖於內蒙古及東北草原一帶，作巢草叢間。每窩產卵四枚，卵綠灰色兼具暗色斑紋。繁殖以後就聯羣結隊飛向南方過冬，一直飛到「天涯海角」的海南島或更遠的南方去。

每年七月才開始南飛的禾花雀，沿途是飛一站吃一站，晝飛夜宿的。自東北南飛的，多經皖、魯等地；自內蒙古南飛的，則取道豫、湘各省。至於秋後在廣東水稻田出現後，「南方之蠻」何時開始嗜吃禾花雀？這要請研究食史的解答了。早在春秋年代，講究飲食之孔仲尼已喜歡禾花雀。《孔子家語》說：「孔子見羅雀者，所得皆黃口小雀，炙食之，味甚佳美。」孔子如沒吃過，安知「味甚佳美」？可見禾花雀這種食物，古已有之。

晝飛夜伏的禾花雀

禾花雀每到一地，都停留數天；飛到廣東境內，大概是十月初。約經一個月的時間，千千萬萬的禾花雀才全部經過廣東。遷徙的過程是，集數百以至逾千一起南飛，故沿途許多揚花抽穗的水田，都會遭到牠們啄食及摧殘。

「南蠻」農人積累了一套網捕禾花雀的經驗，知道牠們晝飛夜伏的習性，事前在河邊或草叢中把網張好，等到天黑以後，全部禾花雀棲息了，便把事先準備的鞭炮燃放。剎那之間，乒乒乓乓之聲四起，把酣睡中的雀嚇得魂飛魄散，禾花雀亂飛，撞進網裏。農人便把網收起，隨即放入水裏，以百或千計的禾花雀就此嗚呼哀哉！

可登大雅之堂的禾花雀

撞進網裏的禾花雀如不立即放進水裏，讓牠們早些魂歸花果山，很快會把體內的脂肪消耗淨盡，啖嚼時就少了鮮美的滋味了。

網捕大功告成後，也就把淹死的禾花雀去毛劏肚，到天剛亮就用各種交通工具運到市鎮或港澳去。

早年冷藏技術不如今日的發達，燒、焗、炸做法的禾花雀在食壇出現的日子不比滷的做法時間長。有了急凍這回事以後，食肆供應燒、焗、炸的禾花雀的日子也長了。鮮美的味道，則以沒急凍過的較好。

禾花雀與禾蟲，同是「不時」不得而食之的「時食」，出現的時間也不同；但前者不僅是「南蠻」食壇，甚至奢食主義者天堂的香港，也視為可登大雅之堂的季候性美食，禾蟲則極少在宴客的席上見到。

明代名菜「百鳥朝鳳」

以「南蠻」之五臟廟所需來說，禾蟲與禾花雀不相伯仲，但禾蟲之少登大雅之堂，一若香港之三鯨與黃花魚，在「南蠻」菜的宴席，是百不一見的。由於物不罕而價廉，食肆不能賣高價。禾花雀其實不僅可登大雅之堂，還可弄成奢食，惜乎香港的奢食主義者，至今還沒有把禾花雀弄成像明代的「百鳥朝鳳」。

早在明代，權臣嚴嵩之子，官至工部左侍郎，無惡不作，飲啖也極盡奢侈的嚴世蕃，以百隻禾花雀，只取其腦，塞進白鴿肚裏邊弄饌，名之為「百鳥朝鳳」——《明事類鈔》所記。

嚴世蕃吃的「百鳥朝鳳」，是加料的「補精益髓」的滋補劑；李時珍說「雀性極淫」，《臟器本草》也說過會飛的動物「益陽道，補精髓」的話，可見這位江西分宜人，也學習了多姬妾的「南蠻」，為在閨房裏稱王道霸而多吃禾花雀，惟這位嚴大官人吃得更精，一吃就是百雀的腦。

禾花雀腦可「益陽道」

清末民初，廣州對岸之河南「太史第」，江孔殷太史名菜之一——「雞子戈渣①」的雞子，是公雞閹出來的兩粒產品，吃這道菜也是為「愛人」添歡笑。常吃雞子、雀腦，會否惹上膽固醇過多，這是其次，予「陽道」何益處，這要過來人才可說得明白。不過這些東西多存有抗生素，一九八七年台灣衛療機構公佈，吃這類東西有礙衛生。

古老食療書有過「以形補形」的話，也就是吃腦可以補腦。當今日理萬機者或甚麼強人，是否吃了很多腦，則非所知。以腦來說，豬牛的腦，食之無味，倒是白鴿腦、禾花雀腦蘊有一種氣味，是味蕾喜愛的享受。

順德菜的「炒鴿鬆」，碟旁放上二或三隻炸的鴿頭，一是說明這碟鴿鬆是二或三隻白鴿炒的，二是愛吃鴿頭的人多，把牠弄成鬆，卻吃不出味道來，讓好此道者，尤其主賓，得其所哉。

禾花雀食法式式皆宜

潮菜的「燒螺」，過往年代如做這道菜宴客，主人必以螺肝敬主賓。無論鴿頭、螺肝，細說起來也同「以形補形」的「飲食療法」有關。

古人伊尹說過：「味之精微，口不能言。」鴿腦、雀腦可予人們味蕾的享受，究竟是怎樣的，即使有一枝生花妙筆，也描繪不出來。可以相提而論的是，法國的「鵝肝醬」、「南蠻」臘腸之「鴨肝腸」的氣味，鴿腦、雀腦是蘊有的。但是，上述四種食物的氣味，飲啖官能全沒記錄的，相提並論也屬徒然。至於雞頭、鴨頭又如何，因形體比腦大得多，在觸壓覺裏邊，腦的氣味不明顯，啖不出甚麼滋味。

當禾花雀大量上市時，港澳的西菜館，也賣燒或焗的禾花雀。中菜館的禾花雀做法，多是燒、炸、焗、滷。

① 戈渣，以粟粉和雞蛋為主要作料炸製的食品，流行於閩、粵及台灣。

焗的做法是把禾花雀弄淨，以薑汁、酒、糖、生抽醃之約十分鍾，將鴨肝腸切成小粒，每雀肚塞進一粒，攤開一塊大片豬網油，置禾花雀於其上，加適量芫荽、葱花，然後包之成粽狀，放進鑊裏，加蓋焗至網油變焦黃即成。

原包置碟上，端到食桌上，然後揭開網油，冒出的一股香氣，要食指不動，少有可能。網油是不吃的，所以嫩，因有網油抗阻過高的熱力。入口甘香，小粒鴨肝腸是一個角色。

還有一個先釀後焗的做法，也可稱為美食。釀的材料是蝦膠（每斤蝦肉要加二兩肥膘才可弄得夠爽），要有甘香效果，則蝦膠裏加已去衣而切得很小的鴨肝腸少許，否則會啖出腸衣，就有點美中不足了。

老饕組禾花雀食團

自從出現旅行社這個行業以後，山巔水涯的旅行團固多，也有求神拜佛的，及以吃為大前提之野味旅行團。其實香港之「南蠻」（包括原籍三水的）及廣州土生土長的，早在「廣三火車」的年代已有禾花雀食團，這可說是吃的旅行團的先驅。

當禾花雀在大造的時候，香港與廣州的雀迷，嫌在廣州和香港吃得不夠過癮，往往在週末或假期呼朋召侶，乘廣三車到西南吃禾花雀。西南是三水重鎮，附近特多水稻田，故西南成為禾花雀最大集散地。自廣州乘廣三線火車去西南，約一時許可達。每人一次吃上百隻，至為尋常；吃法也多樣多式。有時遇到靈魂剛飛向花果山，雀體仍帶微溫的，吃法必是以之蒸肉餅，或開之為二，與魚同蒸，然後是其他割烹的吃法。大快朵頤以後，還另購若干攜歸穗、港，自奉或饋贈親友。

禾花雀與禾蟲，為「南蠻」所欲得也。在不同的時間難以兼得。不能兼得時，捨禾花雀而取禾蟲可也。何以故？說來話長。如以魚為喻，則禾花雀是春天的鯿魚，形態美而肉嫩味鮮，禾蟲是鹹魚。其中玄奧，耳順之年的「南蠻」方可領悟。

寓食於療的三蛇宴

清末民初的「食在廣州」，精粗貴賤，林林總總，不僅西人，非「南蠻」之炎黃子孫，視為野蠻及奇異的食物，應以「龍虎鳳會」為「帶頭作用」吧？

所謂「龍」者，蛇也；「鳳」者，雞也；「虎」則為超越社會中，人們深諳之捕鼠動物。惟自列為被保護動物之一，走資社會的「龍虎鳳會」，已很少有「虎」。以貍代「虎」之「龍虎鳳會」少有，蓋貍為珍貴野味，價值高於「龍鳳」，以貍製饌，是席上珍品，又何須與「龍鳳」共比高？

蛇羹宣傳先聲奪人

每屆夏盡秋初，賣蛇饌或兼營蛇羹的食肆，在當眼處貼的紅招或掛的報告牌，或在刊物上的廣告，八九不離十的，有賣蛇饌的四字經，「秋風起矣，三蛇肥矣，食指動矣」三句。

如果說荔枝是「南蠻」的果王，則「龍鳳會」可說是饌王。凡「南蠻」聚居的地域，觸壓覺沒興趣啖三蛇的，在秋後冬前，視覺總不免同賣蛇饌者宣傳的四字經接觸。「秋風起矣，三蛇肥矣，食指動矣」三句四字經，好像是吃蛇的進行曲。文句把「秋風」、「三蛇」、「食指」連結在一起，每一詞又分以「起」、「肥」、「動」之動詞與形容詞，又疊用三個「矣」字，加強語氣的活力。意義顯淺，聲調雄健，雅中帶俗。每屆「秋風起」，就想到「三蛇肥」，誘惑了人們的「食指動」。三句話有如不可分的環扣，致使「南蠻」觸及此巧妙宣傳烙下深刻的印象。吃蛇成風逾一個世紀，但賣蛇饌者並不肯放棄宣傳的三句四字經。

四字經始見於《真欄》

蛇像很多動物一樣，在冬眠前爭取足夠養分，故秋後特別肥壯。「南蠻」擇肥而噬，於是食指動。「食指動矣」典出《左傳》：「子公之食指動，以示子家，曰：『他日我如此，必嚐異味。』」以「食指動」托出蛇是野味。

這四字經的語源，究始自何時？又出自甚麼經典？難於查考。

距今約六十年，木魚書仍在廣州流行，書攤上還不時出現新作品，如何麗瓊《歎五更》之類，每冊不過二三頁，卅二開本的石印版。《美味求真》不過是數頁的菜譜，也在這個年代出現。就所知，迭是現代「南蠻」第一本菜譜。其時是粵劇的黃金時代，廣州的兩儀軒出版一份《真欄》，是一份報導紅船人物①及粵劇動態的刊物，可說是最早的娛樂刊物。每次出版，

① 從前廣東的戲班乘船沿江下鄉表演，故有紅船之稱。紅船人物，即戲班中人。

沿街喚賣的童子朗聲說：「《真欄》又《真欄》，共埋三十六班……」其時粵劇多至三十六班；八十年代，難見三班。

兩儀軒是賣成藥的，也出品以廣東三寶之一的陳皮製成的「蛇膽陳皮」、蛇酒——蛇被割膽後的蛇肉用來浸酒。《真欄》除報導粵劇戲班的文字外，還刊有賣蛇肉的一則廣告，用了「秋風起矣，三蛇肥矣，嗜蛇者食指動矣」的標題，這三句話逐漸被傳開來。「南蠻」早已吃蛇，也知道「秋風起」、「三蛇肥」。賣蛇羹者嫌「嗜蛇者」三字不能成為完整的四字經，就把「嗜蛇者」三字刪去。

寓食於療而吃三蛇

炎黃子孫吃蛇，非始自「南蠻」。早在唐代，蛇膽已作藥品。產蛇地區，蛇膽是獻給皇帝的貢品。《本草》上說：「蛇肉有透骨搜風，治骨節疼痛」的功能，蛇皮也可消疤痕。皮膚上如有疤痕，或突出肉粒，用蛇皮一塊，浸在白醋中，一小時後取出，貼在疤痕上面，二十四小時後揭開蛇皮，肌膚即恢復原狀，這是民間驗方。李時珍也說：蛇肉效力「去入臟腑，外徹皮膚」。

「南蠻」吃蛇，不僅是口腹之慾，其實以寓食於療為最大目的。亞熱帶的「南蠻之域」，夏初蟬鳴荔熟，接踵而來的是酷熱難耐的天氣，人們會有茶飯不思、體重低減的情形。故在秋冬之季，從飲食方面補充夏季的消耗。蛇在秋後冬眠前，大力爭取營養，秋後吃並非「不時」。近代營養學說還沒出現之前，「南蠻」飲食隨氣候變換，依古老的寓食於療方法調節，秋後冬前吃蛇，可免風濕骨痛病，也就樂於把蛇送进五臟廟而不疲了。

吃蛇也非凡蛇皆吃

炎黃子孫之嗜蛇者，雖以「南蠻」佔最大多數，但誰是吃蛇之始作俑者，則難於查考。惟「南蠻」也非凡蛇皆吃的。始吃的是過樹榕、飯鏟頭、金腳帶三種蛇，後來增加了三索線、百花蛇、南蛇與水律等。

為甚一吃就是三種蛇？據説是依古人講的以形補形的理論：黃頷蛇科之過樹榕，是向上性蛇，無足而能在樹上爬行如飛；眼鏡蛇科的飯鏟頭，發怒時昂首張舌，前半身豎立，腰力極強，屬向中性蛇；花紋很美的金腳帶，又名女人蛇，文靜如少女，愛藏首體內，是向下性的蛇。吃了向上、中、下三性的蛇的膽及肉，可獲自頂至踵的滋補。據説多妻主義者，在秋後冬前多吃三蛇，可使姬妾在閨房之內多增歡樂。

蛇的六項滋補功能

據蛇學專家研究，世上蛇的種類約二千五百種，除上述三蛇外，「南蠻」還吃背有縱條花紋的三索線，頭尾俱紅、背色青綠、起有朵狀花紋的百花蛇，兩者都是黃頷蛇科的無毒蛇。五蛇羹就加上這兩種蛇。其餘的如黃龍頭（一名草花蛇，全身灰黑，狀類飯鏟頭），發怒時頸不闊的水律蛇，背青腹白之水蛇，均屬蟒蛇類，也是「南蠻」五臟廟祭品。

一般人只曉得蛇是補品，惟多知其然而不知其所以然。原來蛇這種動物，有不少強健特徵：因沒眼蓋之故，永不會合眼而精神赳赳；且胃納極強，能吞下骨頭甚至玻璃而可完全消化；有腎，有膽，有肝，並有肺作呼吸器官；脊髓骨每節都連接着一對肋骨，深藏於鱗甲內有力的肌肉，走動時靠鱗甲與肋骨推動，在地面與樹上爬行異常矯捷。

「食在廣州」年代，專營蛇羹的聯春堂，宣傳吃蛇宴有六項益處：一，增加禦寒能耐；二，杜絕來春風濕；三，即止盜汗夜便；四，治汗液與平日有別；五，不再萎靡不振；六，筋絡舒暢如常。

八千港元一擔陳皮

「南蠻」在秋後冬前，吃蛇成了風氣，據說始於十九世紀的七十年代。

並不盛產三蛇的廣州，所以特多三蛇，還是廣東三寶之一的陳皮起了「帶頭作用」，以三蛇之膽和陳皮製成的「蛇膽陳皮」，有化痰止咳的功能。

一九四五年，廣州曾見成藥商以八千元一擔之代價買入陳皮，可見三寶之一的陳皮價值。廣西產蛇多，卻要外銷廣東成藥商，就因中醫湯頭的「二陳湯」之一的陳皮的「皮」的質與陳都不及廣東。

廣州成藥店不少，兩儀軒、保滋堂、馬百長等都有「蛇膽陳皮」製品。十九世紀七十年代，藉南海大瀝，以採藥捕蛇為業，諢號「蛇王滿」之吳滿所捕獲的蛇，求過於供，始而廣開蛇源，向多產的清遠等地採購，繼而招徒授以捕蛇之技。然而成藥商所需的，只三蛇之膽。

賣蛇羹始於「蛇王滿」

無膽之蛇除了弄蛇酒外，還有大量蛇肉。吳滿既採藥，也知藥性，即時把無膽之蛇去皮，把肉及祛風祛濕的藥物，一起送給患風濕病之街坊，並教以烹製之法。啖過以祛風祛濕藥物及蛇肉弄成的食物有沒有祛風祛濕的效果，說者並沒交代，但有蛇肉的湯菜，無不「食而甘之」。由是常向「蛇王滿」索無膽之蛇的街坊愈來愈多。其後吳滿忽而福至心靈，以「蛇王滿」作招牌，開起蛇店來，營業範圍除賣蛇膽及自製「蛇膽陳皮」、蛇酒外，兼設若干椅桌，讓顧客嚐以蛇肉弄成的羹或饌。「南蠻」食蛇的風氣，就如是這般地形成。

吃蛇「有同嗜焉」之「南蠻」日多，大小食肆在秋後冬前賣蛇饌的，不斷增加；其中專賣蛇饌的，在一九三八年廣州陷落前夕已逾十家。以言割烹的技藝，啖者觸壓覺、味覺的感受，「龍鳳會」是「南蠻」的饌王，不無道理。

「太史蛇羹」名滿食壇

過去的廣州，五十年代以後的香港，賣蛇饌的食肆，以「太史蛇羹」作號召的不少，這是「食在廣州」年代美食之一。

清末民初，廣州河南「太史第」之蛇羹名滿食壇。妙處是味道鮮惹，刀章極為精細，入口但覺嫩滑，卻難辨為何物。其時江太史是英美煙草公司廣東總代理，年入逾二十萬元，姬妾滿堂，飲啖極為豪奢而好客。一九一七年，孫中山先生南返護法，非常會議開於廣州。江太史第三公子叔穎也是議員。一次在「太史第」以蛇羹款待同僚，中有談蛇色變之外省人，啖蛇羹時咸認為精品。席未終，江太史笑言吃的為蛇羹，食客多反胃，嘔吐狼藉者有之，中有一客，馬上離席到醫院洗胃。主客弄得不歡。自是而後，「太史第」宴客如有蛇羹必先聲明。

檸檬葉絲細若人髮

江太史蛇羹與一般有別的是，熬過湯的蛇肉不要，另以水律絲弄羹，故觸壓官能感到嫩、滑與鮮惹。

食肆以「太史蛇羹」作號召，烹製之法是否像「太史第」的可不必深究，惟香港人啖過正統做法「太史蛇羹」的倒不少。

江太史作古逾四十年，香港人啖過「太史蛇羹」是當年「太史第」廚師之一的李子華師傅弄的。恒生銀行遷至德輔道恒生銀行大廈以後，每屆「秋風起矣」的季節，以蛇饌款待顧客與友好，主持割烹的就是李子華師傅。

大概是一九四六或一九四七年秋，一夕順德黃藻森先生召宴老拙於大道中襟江酒家橫門對面之宏興俱樂部。入門後見食桌上有數小碟薄脆與檸檬葉絲，因語主人：「今夕吃高級蛇饌。」黃先生聽後說：「怎知吃蛇？又屬高級的？」老拙道：「薄脆與檸檬葉絲，是蛇饌佐料，檸檬葉絲切得細如人髮，所知唯李子華師傅能之。」藻森先生微笑頷首。

為「食在廣州」添光彩的衛生魚生

近代醫學證明，吃魚生易染肝蟲病，好此道者即使沒有敬而遠之，也不再大吃特吃了。但漂洋過海在異邦生活，如舊金山的花縣同鄉，每屆農曆新年的人日（正月初七），仍大開其撈魚生盛會。人日吃魚生稱之為「撈魚生」，寓意人人有得撈，人人撈得生猛。

魚生是古已有之的食物，《隋唐嘉話》說：「南人魚膾，以細縷金橙拌之，號為『金齏玉膾』。」《廣東新語》也說：「膾之為片，紅肌白理，輕可吹起，薄如蟬翼。」最嗜魚生的「南蠻」，多靠河海，兼有魚塘區域，因供應方便故。如中山之小欖，順德之大良等地。順德才子陳荊鴻先生，多年前寫過一篇撈魚生的文章，且引《南越筆記》：「鯇以白鯇為上，以初出水潑剌者，去其劍皮，洗其血腥，細切之為片，紅肌白理，輕可吹起，兩兩相比（如蝶形），沃以老醪，和以椒芷，入口冰融，至甘旨矣……」已刻畫魚生的正宗製法。

小欖人吃脆鯇魚片

小欖人撈魚生，又另有一招：預早半個月弄些番薯藤放進魚塘裏，吃過薯藤的鯇魚，肉很爽脆，吃前一天，網上若干尾，放在清水池養過一夜後才拿來弄魚生。

魚生吃法稱之為「撈」，倒也名實相副，作料、味料多，先放後下都有秩序，一雙筷子撈魚生，要花較多時間才可撈勻，同食的一起以公筷撈之，轉眼間就撈成一碟七彩繽紛，見而悅之，吃而甘之的魚生。

在舊金山撈魚生的魚，通常是鱸魚，其次是鯇魚；近年更有來自科利達逾三尺的鯇魚，但後者不是活的。鱸魚十一月後已離開灣區外游洋海闖天下，人日撈魚生，沒活鱸魚可用，只好選活鯇了。

撈的副作料和味料，二三十到四五十，而以白蘿蔔絲、沙葛絲為主要副作料，其次是胡蘿蔔，又其次是去了皮青的檸檬皮絲、梨絲、紅辣椒絲、檸檬葉絲、泡過去了韌皮的中國芹菜絲，及酸果類的洗去醃汁的蕎頭絲、茶瓜絲、酸薑絲、紅薑或甜紅椒絲，香料則有炸過的欖仁、胡椒、花生碎粒、肉桂末、古月粉、薄脆、炸米粉，味料是糖、鹽及檸檬汁弄成的汁液，脂肪是麻油和生油。

撈魚生要有肉桂末

主、副作料準備好以後，先以去腥殺菌的紅椒拌撈魚生，其次下肉桂末、古月粉，然後是吊線下油，讓每塊魚片沾上脂肪，作用是加入其他副料同撈時，魚片不至於變碎片。下了味料混液後，加上薄脆、炸米粉撈勻即成。

撈魚生不能或免的飲品是酒，押席的是白果腐竹煲的明火白粥。

過往講究撈魚生的「南蠻」，無論小市民或豪門富戶，一定要經過清水池養過半天或一天的活魚。更重視潔淨的處理，如用凍開水洗生料，劏魚的砧板與刀，不能同時用來切魚片，魚片的血污且不用水洗，而以布抹。魚片切蝴蝶形薄片，副料要切得均勻。香料中的肉桂是撈魚生的靈魂，到有名氣的藥店買肉桂末或肉桂，不要買最低廉的，價貴的可能是來自中國桂林或越南的肉桂。據説附在魚肉的寄生蟲，甚麼辛辣都不怕，一觸肉桂既甜又辣的氣味，馬上嗚呼哀哉。曾見年年吃魚生的「南蠻」，高齡望重，卻未聞惹過肝蟲病的，大有人在，同吃撈魚生必不缺廣西或越南肉桂末有無關係，則非所知。

西醫生創衛生魚生

「魚生狗肉，不請自來」是「南蠻」的俗諺。狗肉又稱「無角羊」，又有「三六」①及「齋菜」的隱名。雖有「狗肉滾三滾，神仙企唔穩」的誘惑，總有點不雅。對健康的影響，會被惹上肝蟲病的麻煩更大；撇開不談，魚生倒是大部分「南蠻」愛吃的食物。吃魚生染肝蟲病，業經醫學家證明，假如吃魚生不會染肝蟲病，則魚生是「南蠻」的美食之一。

「食在廣州」年代，有衛生魚生之創製，是為了對魚生有同嗜焉的老饕避免惹上難擺脱的肝蟲病。但創製衛生魚生的，並不是酒樓食肆、專家名廚，而是講究科學方法的西醫生梁培基。

衛生魚生與一般魚生有甚麼分別？先由有「妙人」稱號之梁培基醫生説起。

梁培基原名不是培基，是一家船廠的少東，乃父極希望兒子能克紹箕裘，但這位少爺自承非經營船廠材料，且弄過一隻可作為陳列品的小船送給乃父，算作子承父業的交代，從此不再踏入船廠一步。其後要進博愛醫院習醫，雙親反對不果，怕他被又兼傳教士的教授把靈魂攝上天堂是原因之一，改了培基之名才讓他入學。學成後曾懸壺問世，又曾在另一家醫學院任教。民初有一個時期瘧疾流行，為減少來自四鄉的病者跋涉，把藥到病除的配方弄成藥

① 三加六等於九，廣東話「九」與「狗」同音，用以借稱。按香港法律，宰殺狗及吃狗肉屬違法，所以偷偷吃狗肉的人往往會説是吃「三六」。

丸公開發售，所得比行醫更好，就不再業醫了。

民初以後，外貨充斥廣州市場，棄醫從商的梁培基，為挽回外溢的利權，先後經營中華汽水廠、民眾煙廠、富強奶品廠，做起民族企業家來。其時英美香煙、屈臣氏汽水、鷹嘜牛奶幾全佔了廣州市場。

是否有感於人丁單薄則非所知，大小姐出生後，不再有弟妹，這位妙人忽而在一年內娶了四位並非如花似玉的平妻。事前不但有過「相睇」②，還作過面對面的民主討論，彼此同意後，並立下一式三紙契約，各執其一，另一紙則存家族管理處。做了齊人後，兒女增加幾近兩位數字。子女教育又另有一手，學科技的送去德國，學文經的，則送到美國，都各有所成。衛生魚生的創製，是妙人之家的人口超過半百以後的事了。如果把培基醫生的妙人妙事拍成電影，比過往荷里活出品的《妙人齊家》的觀眾更多。

衛生撈魚生料多

衛生魚生與一般魚生的最大不同之處，是主副作料、味料、香料有時多達一百零八樣，如醋、醬、鹽、糖就是四個單位。秋菊還未盛開時的衛生魚生就少了一樣撈料。一般魚生的副作料最多不過是三四十種。

撈的程序也與一般不同，若先後倒置，衛生效果或會打折扣，故設總指揮。主副作料全備在桌上後，由大小姐靄儀發號施令：一，嘉賓入席；二，請動公筷；三，下料甲、乙、丙、丁，吊線式下油；……

數百人吃撈魚生，幾天前就開始各項的準備，撈前一天，燒好幾大缸開水，冷卻後用來洗作料，又買若干尾鯇魚養在清水池裏。梁家班人手多，器具足，請客的一天，全家動員外，各機構的伙頭將軍也駕臨參與洗、切、劏、片的工作。廚房裏擺開的砧板，不少過筵開百席的菜館，蓋撈魚生最多的工作是洗切，砧板少就應付不來。吃撈魚生的，副作料的絲不會少過一千條的，二三百人吃魚生，就吃了數十萬條絲。何況尋常酒量只四兩，食量八兩的人，吃撈魚生時的酒量增至六兩，食量增至十二兩，並非奇事。魚生是共同動手，又子視覺、味覺以極大享受，「不請自來」的話，不無道理，可免惹肝蟲病的衛生魚生，尤使人啖而樂之。偶與五十年前吃過衛生魚生的談往事，仍覺齒頰為芬。

② 憑媒娶妻或納妾，先看過塗上金飾的黑白玉照，男方認為不錯，然後作正式或非正式的邀請，如上茶樓分桌飲茶，同媒人同座，穿寶藍色文明裙的待字閨中的佳麗同男方彼此不搭話，合意則另約媒人談商，就是「相睇」。

吃粥

當吃「南蠻粥」

丁卯暮秋某日，香港一羣老饕，假以茶名（指數十年來免收茶費這回事而言）點美之茶室，吃一頓黃花魚粥與炒米粉，付出代價約二百美元。

洄游魚類——黃花魚，隨着魚汛，洄游中國沿海，售價甚廉。「南蠻」菜館之體面筵席，有黃花魚的百不一見，非黃花魚不可啖，而是不像甚麼游水海鮮，一尾可賣數百至千元。或以為，吃這頓黃花魚粥與炒米粉，代價二百美元，未免過昂；若知道這頓粥粉主副作料的質量，可能又有不同看法。

美食家之黃花魚粥

中秋是黃花魚汛開始，卻在暮秋吃黃花魚粥，是因暮秋才是當造，比中秋時肥美。要吃的且不是來自浙江急凍貨，當日在大澳市場出現的，大黃花五尾，並非像大陸白果般大的江瑤柱若干兩，大地魚若干兩，加上其他作料，算來非百美元不辦。

這羣老饕肯花高昂代價吃黃花魚粥，為甚不到裝飾宏麗，服務一流，又有名廚主政之大酒家去？他們是不是阿木林？

他們大多也知道吃價廉味鮮的黃花魚粥的去處：來自大陸的急凍黃花魚，還有以雞絲炒的米粉，煲得像稀飯的粥，加鹽與味精提鮮，混入黃花魚肉便是。付出的代價，不會超過一百美元，但他們偏不欣賞。

飲食之道，只可為知者言。祭五臟廟是一事，營養分量是一事，味美又是一事，三者能兼固大佳，次焉者也需兩者兼顧，惟有美食則不易求。

潮州人也愛黃花魚粥

甘願多花錢，吃割烹精美的時食的一羣老饕，大都是深諳飲食之道，又非新紮派之美食家。他們品嚐飲食的譜尺，既不人云亦云，也不會以罕有或名貴為美的大前提。呼朋召侶吃一頓黃花魚粥，時、地的選擇，就可概見他們的能耐了。

這羣老饕有無潮人，不得而知，潮汕人士也喜歡黃花魚粥，他們吃黃花魚外，還加肉茸、魷魚、蝦米、冬菜、葱粒、芫荽等佐料，以味言，倒像濃妝艷抹之麗人。前者則像淡掃娥眉。欣賞後者或前者，不僅因人而異，同是一人，如在「酒逢知己千杯少」的氛圍裏，「濃妝艷抹」的氣味，會更啖得愜意。

粥，是古而有之的食品。講究吃粥的地區，細說起來，還是「南蠻」之域，單是一個「煲」字，就有不少文章。

潮州粥與稀飯有別

寒冷日子較多的北京，也有粥店及沿街喚賣的粥檔，卻不比「南蠻」地區普遍，粥品專家的招牌，隨處可見。相反的是，賣餃、麵的店或攤檔，則北京較多。這非北京人沒吃粥的興趣，而是粥的熱量不高，抗飢禦寒的能耐有限，大概就是南米北麥為主食的原因之一。

江南人對粥品，頗感興趣，甜的粥品尤多，秋老虎發威時，市面就出現冰糖蓮子粥，盛夏之季，還有綠豆稀飯。沒味道的粥叫做稀飯，倒也名實相副，稀飯比飯多若干倍水，仍見到飯的顆粒。

潮州人的粥，看似稀飯，卻比稀飯黏。在美國加州大學中國繪藝系任教甚久之潮人謝修章先生，每次煲粥就被他的太座嘮叨。謝先生要吃傳統煲法的潮州粥，把粥煲得很夠火候。他的太座則認為，時下觀念今非昔比，傳統煲法的潮州粥，雖香滑可口，花時太多不值得。可見潮州粥與省外之稀飯的烹製，似同而實異。

馬錦燦吃粥多佐料

三十年前，進入一家有點名氣之「南蠻」食肆，要一碗稀飯，就等於罵這家食肆不會煲粥。已赴極樂世界的潮籍富商馬錦燦先生，每早吃的潮州粥十分講究。貢菜、橄欖等佐料不少過八味。

湖南是產米區，湖南人倒不大有吃粥的興趣。據說常吃粥，會被親友笑他連飯也沒有得吃。未審是否真有其事？

北京人常吃的，是顆粒分明的粳米粥，佐以蒸或炸之糕點。據說煮粳米粥，最好用乾馬糞作燃料，如果飲啖官能要觸到熏燎氣味的話。

「南蠻」的「明火白粥」，或葷的豬牛肉粥，為甚麼不說煮而稱煲？

煲是「明火白粥」烹具

「南蠻」粥的製作既不用鑊，也不用鐣，而用瓦煲。煲有大小：俗稱牛頭煲是小者，屬於家庭用的；人仔煲是賣粥者的烹具，小者圓徑六至八寸，高不過尺，大者圓徑逾尺，高約二尺。煲口的結構，有若四川之泡菜罈，加蓋後，還有可存少量水的位置。不同的是牛頭煲或人仔煲，用手拿的蓋頂，當中有一個孔。「明火白粥」的米，燒開以後，帶黏的開水往上冒，從小孔冒出，又回流煲裏，而不溢出煲外。這就看「明火」怎樣「明」了。

米在開水裏不停地翻騰，至不見顆粒，仍不外溢，需要「明火」。如燒一根松柴的「明火」恰到好處，則始終用一根柴的火焰把粥煲好。還須藉柴或炭的餘燼，焗約二十分鐘，就是「南蠻」一輩吃不厭的，香滑的「明火白粥」。

「明火白粥」另有香氣

現代化的社會，電鈕可控制煲粥火力的猛弱。最近在美國，還發現不銹鋼的牛頭煲，蓋頂有沒有開孔，卻沒留意。

煲粥的是白米，要用新米，陳米不夠白，也會少些黏性。生意好的粥肆或攤檔的「明火白粥」，有佛家所說的米香的淡味外，還另有香氣，那是煲至融化的腐竹的豆香。

「南蠻」粥名目繁多，「明火白粥」或「腐竹白果粥」、盛夏的「老冬瓜荷葉粥」及各種甜粥，均是素粥；也有可葷可素的米砂粥①、熟米粥、爽米粥；葷的有金銀鴨粥、豬牛肉粥和客家人的有味粥等。所有葷粥，水米而外，還加其他作料，如大地魚、江瑤柱、豬骨等葷料煲的，賣粥者稱之為「粥底」。煲粥的「粥底」作料，煲出鮮味以後則棄之。倒是有長久歷史的農曆十二月八日所吃的七寶五味的「臘八粥」，在「南蠻」言，不若五月粽、中秋月餅般受歡迎。

霍寶材愛吃及第粥

名為三及第之豬雜粥、牛雜粥，始自何時，不易查考。三十年代前後，靠近香港中環街市之石板街（不是缽甸乍街上段）一家粥肆之及第粥，法界出身、已故銀行家霍寶材先生竟常去品嚐。霍先生曾說：「這家粥店的及第粥，有些二嫂粥的風味。」「二嫂粥」馳譽廣州食壇時，霍先生是中山大學法學系學生，說這家粥店的及第粥有「二嫂粥」一些風味，並非無根。五十年代，最受舊金山同業擁戴之伍椿師傅，曾替霍家經營的菜館主理廚政，故霍先生品評飲食的尺度，並非無根。

六十年代，香港百德新街一家菜館，魚片粥每碗三元半，其時全港的魚片粥每碗不超過二元，肯多花百分之七十五代價吃一碗魚片粥的粥客不少。可能是新鮮魚片易得，好粥難求所致。

① 指先把米磨碎然後熬出來的粥，流行於廣東順德一帶。

湖蘭館的豬肉丸粥

民初廣州十七甫，有一家「三楚湖蘭館」，是否三楚人士經營，不得而知。粥品中的肉丸粥，借用一句香港人語：「確屬一流」。其後舊豆欄之菩薩茶室、長堤綺霞酒家的粥品，雖為食壇稱許，以粥的味道說，就遜於湖蘭館。

原來湖蘭館煲粥的「粥底」，用料是豬骨、火腿骨與江瑤柱，但江瑤柱不煲至全沒鮮味的湯渣，仍保留若干鮮味，就拿了出來，弄碎後作肉丸的一部分作料。那個年代的肉丸，自然不用電機切，故肉丸的味極鮮而鬆嫩。

綺霞的「粥底」則去火腿而用大地魚，味道鮮，惜俗而不雅。一粥之微，已各顯乾坤，足見當年廣州之食，並非虛有其名。

梯雲橋畔的「二嫂粥」

民國二十年（公元一九三一年）前後，在黃沙西屠場，梯雲橋畔有賣粥的，初時並沒「二嫂粥」之名，生意興隆之後，粥客知其家人稱主粥政者為二嫂，因以「二嫂粥」名之。

當年之二嫂，正是狼虎年華，雖荊釵布裙，卻風姿綽約，韻味可人。人俏粥好，遂招徠不少粥客。

黃沙靠近娛樂區陳塘，夜遊客與職業婦女，夜靜更深時，要找消夜的去處。「二嫂粥」開市於午夜二時，粥既煲得好，及第料又最新鮮味美，這裏便成為他們的最好去處。

賣及第粥、牛雜粥或魚生粥的食檔，廣州是街頭有得擺，街尾有得賣的，唯「二嫂粥」的生意特佳，及第料比其他的鮮嫩量足，此中確有「秘笈」。

艇仔粥與「吳連記」粥

梯雲橋距黃沙屠場不遠，午夜一時開始亮屠刀。法令規定，不能把豬雜直接賣給賣粥者。大概要經過衞生的處理。屠場當權派中一人，是二嫂的表哥。為了照顧表妹，每夜屠場開殺戒後不久，二嫂就拿到還有暖氣的豬肉與豬雜，「二嫂粥」於午夜二時，就可開始給粥客品嚐。往往在天還未亮，「二嫂粥」已賣光。

人說「朝中有人好做官」，賣粥的二嫂，就如是這般的財運亨通。

荔枝灣的艇仔粥，與珠璣路之「吳連記」粥品，都屬戰前廣州食壇美食。

半世紀前，盛夏遊廣州的外客，夜遊荔枝灣固是免不了的節目，廣州人晚上到荔枝灣坐艇納涼，也是好去處，且不免一嚐價廉味美的艇仔粥。這是河上艇家製作的粥品。

貴州、新疆之「梁公粥」

彼時之艇仔粥，鮮美可口，不遜於市內的粥品。啖時加古月粉，更香鮮可口。所以要加古月粉，則由於「粥底」的料用了大地魚、烘乾的蝦殼粉，不免有些腥氣，古月粉的作用，在乎增香去腥。抗戰後的荔枝灣，已無復當年風光，艇仔粥的質味，也遜往昔！

「吳連記」的魚粥，名目繁多，一尾活淡水魚由頭至尾，全是佐料。有魚頭粥、魚骨粥、魚皮粥、魚腸粥、魚尾粥等，任君點選。依記憶所及，「吳連記」當年劏魚的砧板，最少有兩個。換句話說，沒兩個劏魚高手，不能應付川流不息的粥客。

去世多年之高要籍梁寒操，是無粥不歡的「粥薑」。距今半個世紀前後，他到過貴州與新疆，款待此人之賓館，有人問其早膳吃甚麼，他說吃粥。如果沒有魚，就吃雞粥。但賓館廚師不會煲雞粥，稀飯是會煮的。梁寒操就告訴廚師：「稀飯多加些水，把弄淨的雞，原隻放在米水裏，把雞煲到爛熟，然後把雞拿出來，去骨留肉，又弄成絲狀，放入粥裏再煲一會兒，加薑、葱蓉、芫荽、鹽，下些古月粉便是。」與其同啖過雞粥的，都說美味可口，養分豐富。後來且以「梁公粥」名之。

「南蠻」粥品雅俗共賞

粥在「南蠻」是雅、俗、貧、富、老、幼咸宜的食品。過往廣州的食風，凡賣「明火白粥」、及第粥或牛肉粥的攤檔，粥煲得好的，達官貴人、販夫走卒都是食客。富麗堂皇的食肆，如果粥煲得近似稀飯，即使佐料新鮮，質高量足，不見得生意興隆。

東拉西扯地說粥，大概可作「吃粥當吃『南蠻』粥」的參研資料吧。

「南蠻」菜為甚麼多羹與湯

生活在美、加的炎黃子孫，交往人物，若有四邑籍的，會聽到一些很古老的中國話，如「茶餚」、「羹水」、「上味」，後者為五味之首的鹽。

餚者，饌也。羹則用肉臛、菜蔬和以五味之湯菜也。人們很少稱「點心」為「茶餚」，湯菜中的羹或湯為「羹水」者，惟四邑語彙中有之。餚與羹古已有之，則四邑人之祖宗，在很古老的年代，已自中原南遷至「南蠻之域」了。

「點心」原始是點其心

「南蠻」之有點心由來久矣。二十世紀之「自由世界」，有「南蠻」食肆的地方，就有「南蠻」的點心出現。

「點心」在唐代，似乎還是動詞。唐史載：「鄭傪為江淮留守，有人備夫人早饌，夫人顧其弟曰：『治裝未畢，我未及餐，爾且可點心。』」乃先吃一些之意，並非吃點心。

南宋梁紅玉擊鼓退金兵，目睹將士用命，奮勇殺敵，深受感動！據説梁紅玉當時曾令其部屬烘製民間愛吃的餅餌，送往前線，藉表一點心意。

「點心」成為名詞，大概始於宋代。吳自牧的《夢粱錄》說：「市食點心，四時皆合。」可見四邑人的祖先，南徙前還沒有「點心」這個名詞出現，故稱飲茶時吃的東西為「茶餚」。

藉吃蒓鱸掛冠還鄉

唐詩有「三日入廚下，洗手作羹湯」，則四邑語彙的「羹水」也有所本，蓋素或葷羹，皆無水不能弄成。羹的故事不少，最出名的，見於《晉書》：「張翰，字季鷹，吳郡人也。……翰有清才，善屬文，而縱任不拘。……齊王冏辟為大司馬東曹掾。冏時執權……翰因見秋風起，乃思吳中菰菜、蒓羹、鱸魚膾，曰：『人生貴得適志，何能羈宦數千里，以要名爵乎？』遂命駕而歸。……俄而冏敗，人皆謂之見機。……翰任心自適，不求當世；或謂之曰：『卿乃縱適一時，獨不為身後名邪？』答曰：『使我有身後名，不如即時一杯酒。』時人貴其曠達。」這個故事所以值得傳誦，還不是蒓羹鱸膾，而是予終日營役於名利者一服醒腦劑。

張翰這個傢伙，正是孔夫子說的「山梁雌雉，時哉時哉」，識時務的俊杰，有感於政治風速有點不大正常，以蒓與鱸為藉口，掛冠旋鄉，免招殺身禍。故其身後名，留於白紙黑字間，而非血影刀光的記錄。

芼羹之菜蒓為第一

比張翰更古的羹的故事，見之於《後漢書・李固傳》：「昔堯殂之後，舜仰慕三年，坐則見堯於牆，食則見堯於羹。」是否杜撰？只有天曉得。但羹在幾千年前，已是與湯有所不同的湯菜，卻是鐵一般的事實。

羹與湯的吃法，後者有時會用箸吃，羹則不用箸吃。湯有葷素之分，羹也有肉蔬之別，或是既葷又素的混合。

商湯朝代的和羹，做法記載得籠統些，魏代賈思勰的《齊民要術》說得較為清楚：「芼羹之菜，蒓為第一。」原來蒓菜的莖與葉背，皆有黏液，宜於作羹；不含黏液的蔬菜，不宜作羹。這樣說來，凡不帶黏的湯，就不是羹。

清代袁子才之《隨園食單》裏的《用縴須知》說：「要作羹而不能膩，故用粉以牽合之。」也說明湯與羹有何不同。高雷區吃蒸飯之「南蠻」，稱蒸籠下面，白色的水為「米羹」，袁子才卻說「米汁」，則「南蠻」對中國的飲食文化，已清楚羹湯之分。蓋「米羹」有黏性，可說比袁才子先進了。

「南蠻」菜羹與湯特多

近年太平洋兩岸書店多了一個部門，是有關中國飲食書的。肯翻食譜的會發覺羹與湯最多的，莫過於「南蠻」菜，且有季候性及日常「寓療於食」的效果。

蛇宴就具季候性而又是「療食」。「五蛇龍鳳會」是熬得清鮮的蛇湯，材料有蛇絲、雞絲、冬筍絲、木耳絲、陳皮絲等。「龍王夜宴」（「宴」與「燕」同音），作料是蛇絲與燕窩，都是「用粉以牽合之」的羹。「龍吟虎嘯」是果子狸燉蛇。「龍鳳呈祥」是三蛇燉雞，卻是湯菜而非羹。

「南蠻」食肆廚師、家庭主婦，好像精讀《內經》，都懂得怎樣為食客或家人「薦其時食」。饌餚或羹湯，皆四季不同的，如冬春季候，食肆不會供應「什錦冬瓜盅」，夏季也不賣「清燉北菇」，家庭湯菜，夏季不會弄「清水芥菜湯」，秋後冬前，也不會煲「冬瓜荷葉湯」。

吃有「藥」的「膳」先行者

近年大陸有賣「藥膳」的食肆，供應的是否像元代「御膳」，太醫按《飲膳正要》所記，凡菜皆有藥，無藥不是菜，則非所知。「南蠻」的餚饌與羹湯，作料中有藥，由來已久，視寒、熱、燥、濕的氣候，依古法的「療食」，用藥物予以調節，卻又不像元代的「御膳」，凡菜皆有藥。說起來「南蠻」有些餚湯，未嘗不可稱為「藥膳」。

「南蠻」羹湯特多，一若餚點，由於有充足的物質供應，既「盡有天下食貨」，番邦的也不少。古為今用，西作中化的飲食，尤為全國之冠。即以「藥膳」所需的「藥」言，「南蠻之域」不產人參、蟲草、茯苓、當歸等物，但產地要外銷蟲草、當歸等，經廣州的不少，也就方便講究「寓療於食」之「南蠻」，割烹了不少有「藥」的「膳」。

有物也要懂得盡其用

有物可用，而又能物盡其用，也是「南蠻」菜多羹與湯的原因之一。好像有毒或無毒的蛇，非「南方之蠻」特有產品，很多地方產蛇，也有「秋風起矣，三蛇肥矣」的季節，卻未能引起當地的炎黃子孫「食指動矣」！儘管是政、經、文中心的大城市，食壇始終沒出現說是野蠻或文明飲食的「蛇羹」。

文化以至飲食文化之發展，雖錯綜複雜，物是不能缺，惟是有了物，而未能盡其用，可發展的，也是有限的。當年「吳連記」的魚粥，一尾魚除膽外，頭、尾、皮、骨都作魚粥的主料，可說是物盡其用的極致。

「乾貝豆腐」原始可能不是「南蠻」菜。但「南蠻」的「乾貝豆腐羹」，有見到乾貝絲，而乾貝的鮮過門不入的；有見到乾貝絲，也嚐到乾貝的鮮的；及全見不到乾貝，卻啖到香軟嫩滑的豆腐的鮮，凡嚐過乾貝氣味的，就可道出這是「乾貝豆腐羹」。

不以味為餚饌靈魂

同是以乾貝汁弄的「乾貝豆腐」。每個乾貝約半安士重的，與只四分之一安士重的馥郁的香鮮效果也不一樣，而以半安士重的為精食，就是視之無其物，啖之則突出其味。只有些鹽、油弄的「清滾芥菜湯」，只啖一口湯，就知是芥菜弄的。近年的工藝菜與新潮菜，只着重形與色，很少本物應有的氣味，與稱為藝術割烹的菜，大相徑庭。實則美食或名菜的靈魂，是氣味而不是形色。三十年代，食客在廣州文園宴客，十人一席，每人先喝一碗湯，就花八元銀毫，食客肯照付，蓋物有所值也。

晏店①招牌不知所蹤

二十年代前後，香港人口不到三十萬，已有「東和伙頭工會」和「東安晏店工會」，可見這兩個行業已濟濟有眾。伙頭傭於大小行商主廚政，晏店為中下階層的食肆。

① 廣州或香港人稱吃午飯為「食晏」，晏店為主要供應午飯的飯館。

做大買賣之廣州九八行、香港南北行、南海或順德人經營之錢莊或金飾行號之伙頭，工資比一般的高些，人們稱之為大伙頭，既精於弄家常菜，鮑、參、翅、肚等大菜的割烹藝術也不在名廚之下。每年二十四次禡日（每月初二、十六日）及其他大節，吃大伙頭的菜，一般比酒樓或包辦館的豐盛，弄裙翅也不過二三席。錢莊也吃得豐盛，因有「地沙」（掃地上之沙，屬員工福利一部分）進項。

廣州與香港，已沒有晏店招牌，代之而興的是甚麼記的粥、粉、麵、飯，或隨意小酌的小酒家。伙頭這個行業則日趨式微，行號商店已少有設廚房了。倒是酒家、茶樓還有伙頭職位，多由「水台」或「下雜」兼之，主理員工的膳食。

豪門富戶借大行號之大伙頭做菜請客，派四人夫轎接送已成古老的故事了。

廣東餛飩

天下通食

在神州大地言，米是南人主食，包括「南蠻」在內。以米漿製成的粉，有時且是「南蠻」的主食。

民初廣州所見，在「炒粉館」吃過「芽菜炒沙河粉」（簡稱「炒河」）的這一頓，就不再吃飯了。沒半片肉的「炒河」，稱為「齋河」，代價大概不到三分六（半毫）。並不值錢的食品，把粉炒得不會片碎，而又香滑，綠豆芽菜爽口，也得有些功夫。芽菜炒得過熟，不爽而「卸水」；未夠熟則有豆青氣味。

「二釐館」炒粉有高招

「炒粉館」又稱「二釐館」，茶值每盅二釐，供應的以糕、粉、油器為主，是販夫走卒的食肆。間中也有講究飲食者光顧，蓋「炒河」的味的調配很好，而又夠「鑊氣」。

廣州西關，樂善戲院附近之「何榮記」，大來、泰來、大和、龍津路之百德、百昌等「二釐館」的「豉椒牛河」、「蝦醬牛河」等，就吸引不少豪門富戶的食客。如今，香港以至北美，甚或西歐，賣「南蠻」餚點的食肆，「乾炒牛河」炒得好的，可能師事當年「炒粉館」的「兜亂」炒法。

五六十年代，香港汕頭街「操記」之「乾炒牛河」特多食客。炒法是先下牛肉，後下河粉，故河粉不會變碎片。味道與「鑊氣」當然不差。

「炒粉館」之蝦仁或叉燒腸粉，是隨叫隨捲隨蒸的，味道可口，非時下食肆捲好若干碟，推小車沿桌喚賣的所可比擬。

陳村米粉用竹笪蒸

無論炒河粉或腸粉，過往是把米磨成漿後，弄熟成塊片，切成長或方塊，視其用途而言。腸粉就切塊片。

二次大戰以後，「沙河粉」不僅是「南蠻之域」最普通的食品，西歐的英、荷、法、比，凡有「南蠻」食肆的城市，就有「沙河粉」的食品供應。沒新鮮河粉供應的市鎮，也有乾製品。

順德陳村的寬條米粉，爽即使遜於原始的「沙河粉」，薄、嫩、幼、滑則過之。

米粉要磨得幼不難，蒸之成塊，不用布墊，而用竹笪，卻不簡單。竹笪的密度不若布，米漿倒在竹笪上，流出水分較布多，蒸熟的粉片含水量少於布蒸的，故比布墊蒸熟的薄。陳村粉有鹵與甜酌多種食法，不過編織較為精密的竹笪，如今已不可多得。

金山河粉比香港好

舊金山的「沙河粉」，過往原由幾家糕粉店供應。因求過於供，近年屋侖之康力粉麵廠，已用機器製造，大量供應灣區食肆了。

信不信由你，也不由你不信：二十年前在美鍍金之香港少爺小姐，每年假期返港，攜歸孝敬他們尊翁的「入門笑」（禮物），必有舊金山某糕粉店之「沙河粉」三五磅。

歡迎這些「入門笑」的，是香港著名廠家兼美食家，已歸道山多年之梁祖卿先生。梁先生嘗說：「香港之沙河粉，多為米碌或陳米磨製，舊金山的是得州絲苗，食水也不比香港的差，如此而已。」不過，飲啖官能要有兩者的記錄，才可道出其然和所以然。在「南蠻」食壇，梁先生被友好譽為「超級美食家」，蓋亦有由矣。

龍門粉可多翻幾鑊

條狀米粉，福建的廈門米線，上世紀已譽滿香港及南洋各州府。

「南蠻」的龍門米粉，不若廈門的像線一般幼，惟在鑊裏多翻幾鑊，倒不易碎斷。龍門就是客家人聚居最多，連平以南之龍門縣。據說龍門米粉在磨米時，加進若干冷飯，磨成漿後，再經布袋濾過，才弄成粉條，故爽嫩而不易斷。

半世紀前，香港士丹利街賣「炒龍門米粉」的大排檔，副作料必有綠豆芽菜和紅薑絲，也許是客家人的吃法。

八十年代，美、加食物市場所見，來自「南蠻」的乾米粉有六七種牌子，泰國也有三四種，還有星洲的、日本的及中國香港和台灣的，龍門米粉卻未之見。假如每天嚐一種米粉，非三週時間不辦。

「餛飩麵」的百花齊放

米粉吃法，一若「沙河粉」，可湯可炒作為主食。炒米粉的副作料，以絲狀為宜。炒得不乾不濕，亦乾亦濕，均勻入味而不碎爛，並非在所多見。古老年代，也是僱用廚師的考試題目之一。

麵食是北人主食，南人的副食。山西麵食聞名全國，花樣之多，非「南蠻」可望其項背，惟就弘揚中華飲食文化言，後者作了百花齊放的發展。

西歐「自由社會」之法、比、荷、德、英，北美以至中南美洲，凡有「南蠻」食肆的地區，就有「餛飩麵」這種麵食。

早在四十年代，「雜碎」在美國吃香，雜碎菜譜就有「餛飩麵」、「雜碎炒麵」。「餛飩麵」

至今仍常見之於各式中菜館。「雜碎炒麵」的雜碎作料，原來是竹筍、西芹與馬蹄，麵條是炸過而非炒的。如今的炒麵，大多是動過鑊鏟的製品，副作料是牛肉與白菜，或蝦球與白菜。在美、加言，西人最欣賞白菜。

西人也愛吃「餛飩麵」

七十年代，香港「南蠻」在加拿大之溫哥華，開一爿賣「餛飩麵」的食肆，煮麵的竟有「打荷」①作助手，就是人口極擠的香港也難得一見。包餛飩的，切牛腩的，各有專人司其事，大可反映這家食肆門前車水馬龍的盛況。

午、晚「餐期」，排隊輪候吃「餛飩麵」或「牛腩餛飩」，金髮碧眼的，竟佔五分之二以上，目睹這樣盛況的黃膚黑髮，包括「南蠻」在內，會覺得作為炎黃子孫也有些自豪。

「餛飩麵」中的餛飩，早在唐代已傳入嶺南，《羣居解頤》有「南蠻」把麵與餛飩同食的話。但政、經中心之廣州，出現麵食的食肆，始於清代同治年間，湖南人在雙門底經營的「三楚麵館」。

① 負責零碎雜務的人。

賣「餛飩麵」學問不少

楚有東、南、西之分，屬於哪一楚的，不必根究，或是秦始皇時，征戍嶺南的五十萬大軍，留在「南蠻」的後裔，總之，最初在廣州開麵館的，是「無湘不成軍」的湖南人。

或以為挑一擔「餛飩麵」沿街喚賣，開一爿麵店，比經營菜館簡單，若要達到財源廣進的，此中也大有學問。如麻油是不能缺的香料，市場上有十種牌子，哪一種價廉而又效果好，就非要弄清楚不可。有些「餛飩麵」，下在碗裏的幾滴，香氣特佳，卻不是麻油，而是燒味店燒豬時滴下的脂肪。

「南蠻」餛飩，三十年代已在美國出現，屈指一算，已逾半世紀。但美國賣餛飩的食肆，如何包餛飩也不大懂，司空見慣，只求把肉餡放入手中的麵皮，五指一揸就是餛飩。煮熟後像凹凸的石榴肉，放在嘴巴裏邊，恍似啖肉渣。肉餡內的肉，也很是講究，要肥三瘦七，弄成肉糜，正宗的且先切後剁。

「船伙兒」的殺人招式

原來餛飩要包得鬆，肉餡熟後脹大才有去處，同飲啖官能接觸便覺鬆嫩。肉餡放在方塊麵皮上，覆折成三角形，一角像鹿耳，另兩角把它翻後，像《水滸傳》的好漢，諢號「船伙兒」

張橫，殺人招式的「吃餛飩」：先把人的衣服剝光，手足反接綁起來，丟到水裏去。這是明清已見諸文字的餛飩包法。

餛飩與麵的煮法，《齊民要術》已說用大鍋水煮的。「南蠻」悉遵古法。古時的餛飩湯是鮮而清的，「南蠻」的卻以濃鮮為上品。熬湯的作料是豬骨、黃豆芽、連頭蝦殼、大地魚和老薑。亞熱帶的「南蠻」氣候，悶熱難耐的日子相當長，常使人們食不甘味，要靠濃鮮飲食刺激胃納。「港式」或新潮的餛飩湯料，同原來「南蠻」的也不一樣，起碼少了黃豆芽。

「雜碎」的「餛飩湯」，並不算新創，「石耳餛飩」與「紫菜餛飩」，在清代曾是登大雅之湯菜。

餛飩是古已有之小食，書上說是姓渾、姓沌的恩愛夫妻發明，初名渾沌，後改餛飩。但「餛飩」二字筆畫多，後人改為雲吞。經「南蠻」在海外不斷弘揚，今天已成天下通食了。

麵飯的故事

「食在廣州」年代，市內賣「餛飩麵」的食肆或攤擔不少，出類拔萃的應是「池記」吧？

原始的「池記」，其人據說架子頗不小，尤好到河南攻打四方城，惜乎負多勝少。由是造成他的麵擔有三不挑：風雨天不挑，戰勝四方城也不挑，把本錢全部奉獻給四方城台主，則無擔可挑，躲在家裏孵豆芽。

「餛飩麵」屬「池記」最出色

左鄰右里都愛吃他的「餛飩麵」，也知道他的為人處事。兩三天不見他挑麵擔出門，知道為了甚麼，就藉故找他，借錢給他作賣擔的本錢。「池記」恢復挑擔上街，賣兩三天「餛飩麵」，就可把借來的錢還清。

「池記」的麵條是自己擀的，幼嫩爽脆，十分可口。餛飩極鮮，聽說肉餡並無淡水鮮蝦仁，卻有蝦的鮮。用烘香的蝦米茸？蝦子？大地魚粉？或稱為「禮雲子」的蟛蜞膥①？

「南蠻」最可口的麵條，並非雪白的洋麵，而是還未把麥糠盡去，色不全白的土麵。「池記」

的麵條可口，是否用麥香濃的土麵？麵與餛飩因從沒啖過，不敢胡説亂道。

麵食的種類，「南蠻」遠不若北方。寬幼麵條的製作，無論水麵、半蛋麵、全蛋麵，都着眼於一個爽字。蛋麵的蛋，卻是鴨蛋。

餛飩與湯麵店靈魂

發麵常用滷水（近年有人用可致癌之硼砂或安息香酸鹽發麵，台灣則嚴禁），煮得其方的麵條，啖之很少觸到滷水的氣味。

在中國香港或美國，由於需求，二十多年來開了不少粉麵廠。各式各樣的麵或麵條，幾全有供應。挑麵擔，開麵舖，大小飯館及酒家，麵食的供應，可不必擀麵。但過去的廣州，甚至現在的香港，稍有名氣的大小食肆，不惜添設備與人手，多花本錢擀麵皮、麵條，而不用粉麵廠的機製產品。過去香港中區的「大同酒家」即其一。

過往廣州賣「餛飩麵」的麵店，還供應其他麵食，茶居、茶室、隨意小酌的食肆，以及大小酒家，雖供應多種麵食，兼賣餛飩的則不多。

① 蟛蜞是長在廣東禾田裏的一種小蟹，蟛蜞醬即為蟹子，好者形容為極其美味。

「火雞麵」非聖誕火雞

茶居的麵食，不及茶室或隨意小酌的食肆精美，廣州四大酒家也有特殊的麵食供應。城內外人們的口味，也不盡相同。如西關客愛吃「伊麪」（炸過的全蛋麵條）麵食；「茶香室」的「燴伊麵」做得出色；「玉醪春」則以「火雞麵」飲譽食壇。「火雞麵」不是聖誕大餐不缺的火雞，而是脆皮的「炸子雞」，切若干件置湯麵之上。衛邊街「陶然亭」之「馬雞麵」的知名度與「火雞麵」不相伯仲。所謂「馬雞麵」，其實是「雞絲湯麵」，而且是寬條生麵。彼時市場已有雪白的洋麵粉供應，但「玉醪春」與「陶然亭」仍用麥糠未盡去的麵粉做麵條，故麥香較濃。

「清湯生麵」，惟湯與麵，並無其他作料。「片兒麵」是餛飩皮開四的片，也是湯麵。「脯魚麵」是一湯兩吃的湯麵。不到二兩的一碗麵條，加些炸過的大地魚及少許火腿茸在麵上，人口爽脆鮮香，吃完麵再喝湯。香港的「陸羽茶室」至今仍有供應。

「炒伊麵」是藝術烹調

四大酒家之一「文園」的「排骨麵」也出名；「西園」之「羅漢齋麵」是美食。

「燜伊麵」固講究湯，「炒伊麵」更非熬得夠濃的鮮湯不可。因「炒伊麵」的扮相要古拙，只二三芫荽襯色，沒其他作料配搭，入口麵極鮮，而又有炒的香，舊金山開業逾五十年的「新杏香」酒樓仍有供應，欣賞的食客卻不多。知慳識儉之華僑食風，嫌「炒伊麵」價高於「雞絲炒麵」。

「伊府麵」是乾隆進士福建寧化人伊秉綬任「南蠻」惠甘知府時所創的，將全蛋麵條炸過，使之易於入味，故名之為「伊府麵」，簡稱「伊麵」。

講究飲啖之伊秉綬，據説任職惠甘府時，僱用的鄧氏客家廚師偶爾把全蛋麵炸過，與其他作料同燜，知府「食而甘之」，因而得名。

伊秉綬創「揚州炒飯」

伊後因議政冒犯總督入罪，後獲昭雪，轉職揚州知府，由於欣賞「南蠻」飲食，邀鄧氏廚師同隨行。「南蠻」的炒飯，一若四川早期的「回鍋肉」，吃不完的豬肉，加其他作料回鍋再炒而已。初時並未冠上「揚州」二字。而揚州的主食，非米而麵，揚州的「白湯麵」等麵食，清中葉開始即名聞全國，足證揚州主食是「麵」而不是「飯」。有蝦仁與叉燒粒的炒飯，何以名為「揚州炒飯」？可能是伊知府請客，中有炒飯，傳至「南蠻」。這也可能是像「南蠻」的西餐「瑞士雞翼」，厚逾半尺之瑞士菜譜，並無用花椒、八角、冰糖和豉油烹製的雞翼；又或像「文園」的以蝦膠釀雞皮，夏季加上夜香花，名之為「江南百花雞」，是「食在廣州」年代的名菜，走遍江南，不會發現蝦膠釀雞皮這個菜的。

也寫食經的某江南才子，年前旅行揚州，在揚菜館吃「揚州炒飯」，炒的作料有金華火腿粒，而沒發現叉燒粒與淡水蝦仁。這個故事依記憶所及，曾見於香港的飲食刊物。

《隨園食單》之《飯粥單》

「南蠻」把吃不完的飯再炒，基於不「暴殄天物」之古人明訓。吃蒸飯的，剩餘的米汁，不忘廢物利用，以之煮豬餿，同一道理。

《隨園食單》之《飯粥單》說：《詩》稱：「釋之溲溲，蒸之浮浮。」是古人亦吃蒸飯。然終嫌米汁不在飯中。善煮飯者，雖煮如蒸，依舊顆粒分明，入口軟糯。其訣有四：一要米好；二要善淘；三用火先武後文；四相米放水。②

出生於康熙五十五年（公元一七一六年）之詩人兼美食家袁子才，如能活到二十世紀八十年代，會發現他筆下的《飯粥單》有若干要修正。

「南蠻之域」的高、化地區的人們，吃的仍是蒸飯。蒸具下的米汁叫做「米羹」。「羹」比「汁」古雅，蓋米汁帶黏性，符合羹的成分。

德州絲苗無須淘洗

盛產米麥之美國，吃米的吃德州絲苗，或加州珍珠米。市場並無米碌供應，也無須善淘，根本不必淘。用電鈕烹具煮飯，發現少放些水，飯煮得過硬一些，可酌量加水再焗。故在美鍍金，從沒有進過廚房之香港少爺、台灣小姐，煮飯不至煮成三及第：生、燶、爛。

南人以米為主食，「南蠻」並不例外。「食咗飯未」是「南蠻」與戚友相逢道左，如非早上，最慣用的一句口頭禪。大足證明：以米煮成的飯，是「南蠻」主食。

世世代代吃不厭用米煮成的飯，固由於五臟廟需要這些祭品，而飯的本質，也有被人們觸壓覺歡迎的地方，就是佛說的飯也有淡味。

② 《隨園食・飯粥單》：原文節錄如下：「《詩》稱：『釋之溲溲，蒸之浮浮！。』是古人亦吃蒸飯。然終嫌米汁不在飯中。善煮飯者，雖煮如蒸，依舊顆粒分明，入口軟糯。其訣有四：一要米好，或香稻，或冬霜，或晚米，或觀音秈，或桃花秈，舂之極熟，霉天風攤播之，不使惹霉發疹；一要善淘，淘米時，不惜工夫，用手揉擦，使水從籮中淋出，竟成清水，無復米色；一要用火，先武後文，燜起科宜；一要相米放水，不多不少，燥濕得宜。」

晏店供應「南乳扣肉」

過往廣州稱為晏店的食肆，是「南蠻」廉價的飯店。「晏」的說法，不是「早晏」的「晏」，而是大碗飯稱為「大晏」，細碗的飯叫「細晏」。民國二十年（公元一九三一年）前後，廣州仍有不少晏店。就記憶所及，三十年代前後，香港也有晏店。晏店供應的酒，是料半、雙蒸之類，菜是「南乳扣肉」、「芥藍炒牛肉」等，也有張之洞在大馬站發現香噴噴的「滷蝦煮燒腩豆腐韭菜」。食客十之八九是「勞動人民」。至於小市民與公教人員，經常做座上客的，如民國十年（公元一九二一年）前後，雙門底之「合記」，長堤之「光記」，「市立女師」對面之「馨記」，陳塘附近之「昌記」、「八珍」，上下九幾家冬賣臘味、夏售綠豆沙等甜品之食肆。飯既煮得顆粒鮮明，香軟嫩滑，佐膳的燒臘或小菜，也無不品必精研。講究飲食之軍政大員也是常客。

「昌記」臘味飯的「沙底」

廣州還沒禁娼前，風化區集中在陳塘、西關一帶。酬酢忙的，不問是否有興趣在風月場中打滾，在陳塘亮過相似乎不免也會吃過「昌記」夏天的「燒鴨髀飯」，冬季的臘味飯。蓋開筵坐花③，作方城戰之前，五臟廟是有所需的，「昌記」就是後勤總部。尤其冬天，「昌記」臘味飯的「沙底」更供不應求。水或湯泡「沙底」免費，牛肉或魚片「沙底」卻要另付若干。

甚麼是「沙底」？外省人所稱之「鍋貼」是也。但外省的「鍋貼」是貼在鍋底的焦，啖來會有鐵氣。「昌記」的「沙底」是陶器煮具底的一層飯焦。

名之為「沙底」的飯焦，何以會普受食客歡迎？這因臘味飯的臘味，通常是四品一組（金銀肝太肥，多不願吃）——臘鴨、肝腸、肉腸與臘肉，全放在大滾後之飯上蒸熟。

乾、濕「沙底」供不應求

四品臘味的氣味各有不同，都有若干滲到「沙底」裏邊，致「沙底」的氣味鮮香。以湯或水、茶泡之，稱為「濕沙」；以碟盛之，附小碟燒或滷汁，拿一片蘸汁吃，作下酒物，稱為「乾沙」，同樣是當年供不應求的妙品。若同時下以酒精製作的臘味，則香氣大打折扣。

無論「合記」或「八珍」，臘味與米都是精選的，故堂食與外賣的數字，可說不相伯仲。拿「八珍」來說，煲飯的爐眼逾十個，全用陶製的煮具，視食客的多少而用大或小的。米是早經淘過，放在約盛二十斤量的竹籮裏，煲若干飯就放若干米；加些油、鹽，然後相水煲至大滾，另移中火爐眼稍煲至飯面不見水，然後下臘味，移至小火爐眼焗若干時間便是。

吃兩面黃飯多納妾

有一位「南蠻」視覺藝術家，已作古多年，但他煲的飯，香、軟、嫩，至今仍為僑社稱道。

③ 花，指花廳，即舊日廣州或香港的妓院。開筵坐花，即在妓院設筵，有妓女陪席。

據説「秘笈」是五分之三為得州絲苗，五分之二是加州珍珠米，這是爽糯配合的分量，再加些油與鹽，卻全沒有油鹽氣味，啖者惟覺顆粒分明，入口軟糯，而又有豐富飯香。

清末民初，廣州一林姓，排行第六之大男人，原已姬妾盈庭，為了每天要吃兩面黃的飯，多納一名少妾，專司其事。煲飯的是盛不到半升米的瓦鐣，把飯煲熟後，把鐣蓋的一面，反向爐上的餘燼，焗至起微焦，就是兩面黃的飯。

形似質變的「荷葉飯」

八十年代，全球賣「南蠻」點心的食肆，鮮有不供應以乾荷葉包裹，加作料炒過再蒸的「荷葉飯」。

據説「荷葉飯」創自明代名將，東莞之袁崇煥。原是夏季「南蠻」美食之一。做法是：用冷飯加粒狀作料炒過，然後再加生章魚粒；在太陽未升的荷塘裏，還有露珠在葉上的嫩葉，摘下兩塊——以一塊包飯，另一塊包外層，然後隔水蒸飯裏的章魚粒至熟；把荷葉解開，荷香撲鼻，飯有章鮮，章粒脆嫩。

要吃猶有露珠的荷葉製成的「荷葉飯」，肯付超值十倍的食客，相信走遍天涯海角，找不到一家食肆供應。例外的是，食客也是這家食肆全東的東翁。

這是「食咗飯未」作口頭禪的「南蠻」，以米為主食，麵為副食的一些故事。

粵菜溯源錄

貳：食在廣州

「楚庭」是廣州最早的名稱

割與烹的技藝，無論中外，古不如今。這個說法相信會獲多數人同意。「食在廣州」雖自古已然，不過是「盡有天下食貨」，其中且有由「番舶」運來的。《唐大和尚東征傳》說：「婆羅門、波斯、崑崙等舶，不知其數，並載香藥珍寶，積載如山，舶深六七丈……」其中當然有食貨，「番舶」中人也要食的，以番食換唐食也極尋常。這可能是「食在廣州」的由來。但舊書中並沒有找到烹在廣州的記錄，雖然中原飲食文化早在秦代已陸續在「南蠻之域」出現。

唐時「南蠻」已食海蜇

其實，在秦始皇派五十萬大軍平定南越之前，「南蠻」已同中原文化接觸。唐《通典》載廣州最初的名稱是「楚庭」，由於春秋戰國時「南蠻」對楚臣服而命名。大概獵狩與割烹起碼受過楚的影響。秦時南海郡治所在地是番禺，即今之廣州。三國時才稱廣州至今。

秦始皇平定南越以後，留駐各地之秦軍不會全是陝籍的，他們的飲食最初當然是家鄉風味。秦二世時有五千漢女南來替秦兵主中饋。其後不免同「南蠻」交換割烹技術，以至於食風也合流起來。

唐代的嶺南道面積很大，包括廣西與北越一部分，共五十個州。昭宗時（公元八八九年）做過廣州司馬（官名）之劉恂，甩掉烏紗帽後定居「南蠻」，寫過一本《嶺表記》，同《嶺表錄異》內容無甚分別。

「南蠻」湯菜唐已有羹

《嶺表錄異》記「南蠻」草、木、蟲、魚等奇珍異物甚詳。關於飲啖的也有不少記載。如：「水母（即海蜇）南人好食之，云性暖，治河魚之疾。然甚腥，須以草木灰點生油，再三洗之，瑩淨如水晶紫玉，肉厚二寸，薄處亦寸餘。先煮椒、桂或豆蔻、生薑，縷切而炸之，或以五辣肉醋，或以蝦醋，如膾食之，最宜。蝦醋，亦物類相聚耳。」在唐代，「南蠻」去腥料已如是複雜。

貝殼類的割烹與吃法如蠔，該書說：「大者醃為炙，小者炒食。」今潮州菜之「蠔煎」就是用小的。「象拔」、「蜈蚣」也有談及。

由於亞熱帶天氣關係，「南蠻」湯菜特多，原來唐代已有羹。《嶺表錄異》所記之「不乃羹」：「以羊、鹿、雞、豬肉和骨同一釜煮之，令極肥濃，漉去肉，進之薑葱，調以五味，貯以盆器，置於簋中。」

多彩多姿始於清末

在潮州祭鱷魚之唐代大文豪韓愈的《初南食貽元十八》協律詩談潮州海產及割烹不少：「鱟實如惠文，骨眼相負行。蠔相黏為山，百十各自生。蒲魚尾如蛇，口眼不相營……」

從兩位古人筆下看，則「南蠻」飲食，在唐代已踏入文明的領域了。

宋、元、明、清之廣州乃是全球出名的通商口岸之一。到清道光廿二年（公元一八四二年）清室視如羣帶路①之香港割予英國後，廣州更變成半封建半殖民地之畸形商業城市，西方客商在廣州進出頻繁，官與商、商與商之公共關係有賴於飲食者最多，故「食在廣州」之多姿多彩始於清末。

① 傳說早期英國人到香港時不認識地域，由一個叫阿羣的蜑家（水上）女子帶路登陸，故稱「羣帶路」。此名稱也是香港早年路名之一。

半封建半殖民地社會

廣州是半封建半殖民地社會，除廣州及珠江三角洲魚米之鄉及交通發達之城市外，很多地方都是煙賭處處，盜賊橫行，民不聊生的。

潮州及海南的「南蠻」，因海運較便，繼續南渡南洋七州府謀生；四邑及中順等地的，則橫渡太平洋彼岸闖天下的多。這就是「華僑」這個名詞的由來。孫中山先生說：「華僑是革命之母。」推翻幾千年帝制的革命，華僑勳助實不少。

畸形發展及於飲食

若從過往「南蠻」貧富懸殊的社會看，「食在廣州」除了食貨特多外，不會弄出甚麼佳餚美點，像江浙食壇一樣的。儘管上海與廣州都有租界區，但外商到神州大地掘銀（清代貨幣是銀本位制）還是到廣州的多。一是交通方便，由於珠江三角洲水運方便；二是鄰居就是殖民地的香港。以食貨的海味言，一百年前，香港海味店之多，中國大陸的南貨店沒有一個地方會超過香港的。以二十年代言，香港人口還未達三十萬，已不少魚翅莊、燕窩莊，難道香港人每日必吃燕窩、魚翅？其實大部分是加工外銷，故鴉片戰爭結束之後，廣州商業畸形發展，真是萬商雲集，加上南洋、美洲一些僑匯，使整個「南方之蠻」似乎有了「生機」，於是「食在廣州」之多姿多彩舉世皆知。

飲食文化源遠流長

廣州的美食精食由專家名廚創製是有限的，甚至傳統的翻新，不少是豪門富戶弄出來。這不是瞧不起專家名廚的天資不好，而是文化根基所限。如《楚辭》中《招魂》的「和酸若苦，陳吳羹些。胹鱉炮羔，有柘漿些」，請他們詳為解説已不大容易，何況割烹的精微。

割與烹是工多技熟的技術，可說是科學的。弄出來的餚饌，品嚐過的「有同嗜焉」是否佔絕大多數？這是看刀鏟以外的識見了。西菜的割烹藝術，至今不如中菜，並非雞不肥，鴿不嫩，刀不鋒，鑊不大，而是飲食文化不夠源遠流長。

民初後出名的酒家、酒樓與茶室，創新的餚點有「食而甘之」的效果，有些是不在食肆露臉的師爺設計，師爺屬於士大夫，一若當年揚州的精研飲食的清客。

江太史也善創新菜

廣州食壇的美食家也是善創新菜的師爺，江孔殷太史即其中之一。不同的是：江太史乃父清泉，業茶致富，綽號「江百萬」，而江太史自己又辦當時最吃香的洋務，每年進賬逾二十萬兩，故金屋藏嬌至一打之數，飲食極盡豪奢。有錢又有閒，創新餚饌為了個人的享受，及用以作華洋官商「公關」的招式。

廣州的簪纓之家，書香門第，各皆有其美食與精食，故讀書未成，不事生產的紈袴子弟，飲啖官能裹邊，美食精食記錄不少，對飲食之道頗為講究。三十年代，某紈袴子弟在黃浦灘上竟藉飲食機會，認識財神而得官，上一代廣州人多知其事。如果連飲啖之道也一無所知，就不一定有機會戴烏紗帽了。

三百年前的「姑蘇館」

有志趣吃政治飯的多知道自唐代開始，在廣州做官是肥缺，即使是芝麻綠豆的小官。所以自唐以後，做過廣州官的都不願升遷、他調，或藉故退休，定居「南蠻之域」的不在少數。如有些講純粹廣州口音話的人，如被問及貴邑何處，答以「捕屬番禺」，就是來自外省的「南蠻」。

過往廣州城隍廟前之「姑蘇館」，據說已有三百多年的歷史，最初的老闆，不是來自江浙的官，就是家廚或隨從，不會原籍是「南蠻」的。

當年雙門底之「三楚麵館」經營的當然是楚人。二十世紀八十年代，「南蠻」餛飩成為全球通食，所以不能說與楚毫無關係。

「南陽堂」精食四熱葷

開設在老城之「南陽堂」，據說是某布政使之姓鄧家廚經營，以包辦筵席為主，並在店內擺幾張食桌方便食客。由於四熱葷是聞名食壇的美食，豪門與權貴的食客不少。那四熱葷是：一，腿汁琵琶翅；二，蟹鉗穿竹笙；三，蒜子瑤柱脯；四，蟹黃煎鴨腦。西關豪門，達官顯要，肯紆尊降貴，在設置簡陋的包辦館吃其四熱葷，自是有值得品嚐的價值。

就琵琶翅與瑤柱脯二熱葷的主料說，前者等於鮑翅，煨得夠火候的翅不會少過十兩，後者原個八九錢重的江瑤柱十個，亮相時仍是原個，入口溶化的，以一九八八年價錢計，主料成本不少過一百美元，還有其他工料，故「南陽堂」的四熱葷可說是美食中的精食。

「紙包雞」軍機運廣州

清末民初的高等筵席還流行四熱葷、八大菜。祠堂的春秋二祭則吃九大簋，是長長久久的寓意。其後減為二熱葷、八大菜，再減為二熱六大。「南蠻」菜有冷盤或冷拼，似始於三十年代，開其端的是香港。如西為中用之「龍蝦沙律」，廣州難得一見。「中式牛柳」的出現始於四十年代。

梧州「紙包雞」成為廣州美食，是陳濟棠主粵政的年代，大概是西南政府設宴招待來自北方的要人，派軍機飛梧州把「紙包雞」在開席前運抵廣州。

「紙包雞」做法是炸的，子雞開卅二件，以味料醃過，加葱白，用玉扣紙包成長方形炸之。入口嫩鮮有若蒸的，卻又有炸的香氣。

宋子文返鄉愛吃「雞」

大概是一九三五年前後，黃莫京（強）任海南第九行政區（民國時期，鑒於有些邊遠地區的風俗習慣與內地迥異不同，故有特別行政區之設）專員時，宋子文第一次返海南文昌韓氏宗祠祭祖，父老以家鄉菜款待，中有「文昌雞」，宋子文啖而甘之，肉嫩味鮮，骨軟，為前所未嚐。後來專機飛返廣州，帶了一籠「文昌雞」分贈廣州顯要，也皆視為「南蠻」雞的佳品。食壇立即泛起頗不少的漣漪，這是「文昌雞」第一次在廣州出現。如果海口與廣州有民航空運的話，很多「南蠻」可嚐到「文昌雞」的滋味了。

「食在廣州」自古已然

「食在廣州」，自古已然，但多彩多姿的年代，卻在清末民初。

或者有人會反駁，自唐代一統中國以後，東南之嶺南道，仍有很多未開化之「蠻荒絕域」，怎會有「食在廣州」，更何況是「自古已然」這回事？

不僅對廣州陌生的炎黃子孫有疑問，新一代的「南蠻」，如沒讀歷史書，也不會信。

要說明「食在廣州」確有其事，非拿出證據不可，於是不得不做文抄公。

《晉書》卷九十五《吳隱傳》說：「廣州……包山帶海，珍異所出，一篋之寶，可資數世……故前後刺史，皆多黷貨。」又《南齊書》卷三十二《王琨傳》說：「南土沃實，在任者常致巨富，世云廣州刺史，但經城門一過，便得三千萬也。」

包山帶海，珍異所出

做刺史的有貨可黷，但經城門一過，便可得三千萬。由於天佑廣州是「包山帶海，珍異所出」的土地，就是「食在廣州」的一注原始本錢。但是公元前一四零年至公元前八十六年，沒有漢武帝的政治投資，不見得會有「食在廣州」這回事，遑論「自古已然」了。

漢武帝在廣州的政治投資是：「拓荒西域，平定南越，威振天下。」以後，萬邦來朝，一自陸經西域至中土，一自海道由番舶運來。番舶初時寄碇交趾及廣州兩個地方，其後集中在廣州停泊。

朝貢的使節，把貢品送到禮義之邦，也必獲回禮；回的禮物雖不一定是甚麼「珍異」，卻多為彼邦所缺的奇貨。由是惹起番舶藉貢而商，使廣州成為中國第一個通商口岸。

《漢書》卷二十八下《地理志》載：「粵地……處近海，多犀、象、毒冒（玳瑁）、珠璣、銀、銅、果、布之湊，中國往商賈者，多取富焉。番禺（即廣州）其一都會也。」可見漢代已有洋貨輸廣州，番舶又在廣州買土貨運彼邦，既是土洋商賈雜處的所在，流動人口必多，居停與飲食事業，當比沒有華洋雜處的地方發展較快，這是「食在廣州」自古已然的另一注本錢。

秦代開始逐漸漢化

唐代仍很荒蕪的嶺南，飲食是很原始的。廣州所以例外，一是地理環境所使然，二是華夏的飲食文化，秦代已開始南傳。秦始皇派兵五十萬徵戍嶺南，平定以後，大部分仍留駐嶺南各地，他們的飲食習慣以及割烹方法，「南蠻」或多或少都有學習。趙佗的「南越」，在嶺南立國；劉隱據廣州；三國時虞翻在光孝寺設帳授徒，教廣州人以起居飲食禮節；唐代中葉，隴西、河西陷於吐蕃，對外交通只靠廣州的番船，皇室視廣州為寵地，一切另眼相看。宋、元、清時，不願被異族統治的中原漢人，一而再地逾嶺南徙各地，都挾華夏文化而來，政、經、文化中心之廣州，飲食文化發展，於是較很多地方優先。

原來南徙之炎黃子孫，因言語習慣不同於「南蠻」，被視為客，尋而家於嶺南的客家人，受了「食在廣州」的影響，自創一系也稱東江菜的客家菜。

四川東自涪陵、重慶，經榮昌、瀘縣等地，西至成都、灌縣十餘市縣，不少是自清代康熙後徙去的客家人。「滷牛雜」、「梅菜扣肉」是東江菜，但四川菜系卻無客家菜的影子，是否少了「食在廣州」食風的影響？

八十年代，香港食壇仍存古代菜譜不少，如唐代的「鹿鳴宴」，清代的「滿漢全席」，是「食在廣州」年代傳去的，可見自唐開始，「南蠻」飲食逐漸不「蠻」了。

粵東盡有天下食貨

廣州是「南方之蠻」的政、經中心，古老年代已有「食在廣州」的美名，是因為奇珍異物的食貨包羅萬有，非內陸任何地方能及而已。明末清初，屈大均著的《廣東新語》曾說：「天下食貨，粵東盡有之；粵東所有食貨，天下未必盡有。」其實屈大均出生以前，粵東已有不少中國以外的天下食貨。珠江流域大部分是魚米之鄉，順德一縣有魚蠶之利，已創出「南蠻」另一系的鳳城菜。

被稱科技王國的美國，烹飪器具早已電鈕化，家用煤電爐爐眼是一或四個，但近年廣州出土，「南越」後期文物的陶灶，已有三個灶眼；春秋時代的，又加以改進，三個灶眼外，灶的兩側還有四至六個水缸，煮飯做菜同時，已有可洗滌食物或其他用途的熱水。烹具既不斷改進，又多「天下食貨」，則「食貨」的割與烹，也不至於馬虎的，故可說「食在廣州」自古已然。

唐宋飲食窮極奢侈

唐、宋都是講究飲食的朝代，楊貴妃的家人，在長安吃過「紫駝之峰出玉釜」的「大八珍」之駝峰。近代西餐之芝士，唐代稱為乳酪，郭子儀一頓壽宴，花三十萬錢，當時米價每石千錢；今人送給廚師的美譽「郇廚」，就出自郇國公韋陟的廚房，弄出來的全是美食。晚唐丞相段文昌官邸廚房的員工逾百，廚房門口掛有「煉珍堂」的匾額，出巡下榻所用的廚房，則稱「行珍館」。

宋代皇朝大力學習唐代窮極奢侈的食風，宰相蔡京私邸，廚工數百人，《膳夫錄》裏說：

「蔡太師京廚婢數百人，庖子十五人。」

所謂「京廚婢」，是在京師廚房工作的，也稱「廚娘」。汴京有不重生男重生女的風氣，據廖瑩中《江行雜錄》説：「京都中下之戶，不重生男，每生女則愛護如捧璧擎珠。甫長成，則隨其資質，教以藝業，用備士大夫採拾娛侍，名目不一，有所謂身邊人、本事人、供過人、針線人、堂前人、雜劇人、拆洗人、琴童、棋童、廚娘等……」順德過往有不落家的麗人，名義上已是人之婦，「倫」則不允「敦」，故稱「不落家」。此輩多廚林高手，直到二十世紀的八十年代，奢食主義者天堂的香港，廚娘時值如是月薪三千，順德籍的，起碼要加二。順德廚娘多高手，是不是受宋代不重生男重生女的影響？這要搞文史的，如順德才子陳荊鴻翁才弄得明白。

宋室南遷臨安（今之杭州）以後，在朝的依然惟飲食是尚。史家説宋亡與窮極奢侈的飲食有關，不無道理。

清末民初多彩多姿

唐、宋皇室既視廣州為寵地，故廣州的飲食，受唐、宋影響較大。

元、明、清南移的文化，在「南蠻」最具潛移默化後效的，莫過於飲啖文化。蒙古皇帝原不大講究飲食的，因一本《飲膳正要》，可說是指導皇帝飲食的官書，對「南蠻」的影響，頗為深遠。時至今日「南蠻」的家常湯菜，不少用藥物同煲，「清補涼煲豬蹄湯」即其一。八十年代美國唐人街，心臟專科醫生的候診室，所以座無虛席，有一部分座客，學習了蒙古皇帝的飲食，凡菜多有藥，致血壓、心臟有麻煩，每週要見醫生一次。

清中葉後，駐扎揚州之黃淮官員，富甲天下的鹽商，飲食的窮極奢侈，乾隆皇也自歎不如。從各項記載所見，大力學習的，惟廣州，但亦限於豪門及頂拖花翎的人物。其他省市，雖不乏食家，無奈未能盡有「天下食貨」。粵漢路未通車前，川、湘等地，大網鮑與羣翅等海味是不易一見的奇貨，精烹此二物之廚師，也是鳳毛麟角。

「食在廣州」雖自古已然，但遍吹奢侈食風，則始自道光二十二年（公元一八四二年）。鴉片戰爭結束，清帝簽下不平等條約，中國海禁大開以後，一直到民初，陳濟堂主粵政之前，飲食風貌，仍是多彩多姿的。代理洋煙之江孔殷太史，是那個年代飲食精奢代表人物之一。

做官、做廚都擺架子

因洋人來華日多，清室增設洋務機構。廣州沙面為洋人特區，又多了洋行、買辦、冒險家，廣州商業，不會因番舶少來而冷落，反倒更為繁榮。所以有此現象，因洋貨、奢侈品以至殺人的槍炮，多以廣州為集散地，從縱橫交錯的水陸管道走私入境，故有畸形的發展。

洋務官、洋商、買辦，各為本身利益，都想搞好「唐和番合」的關係，馳名中國的「食在廣州」的食，便大派用場。多了酬酢頻繁的新貴，廣州的食日日新且鑽精奢的牛角尖，時廣州的食肆，只有姑蘇的、徽州的、京津的、回教的，廣州有的是大餚館，本地人要大擺筵席，則光顧包辦館。小市民宴客，甚少光顧食肆，店舖都有伙頭主廚政，書香門第、豪門與官紳，也有家廚。乾隆後的高級筵席，必鮑、參、翅、肚，有近水樓台之便的廣州，伙頭、家廚、包辦館的廚師，能精烹的很多；但新貴們不一定有家廚，尤其精烹海味的。宴請高官講排場的酬酢，則非有名廚割烹不可。其時西關巨宅，書香門第的家廚，多廚林高手，如嫌包辦館廚師名氣不夠，只好商借豪門大宅家廚，尋且成為風氣。

駐在廣州的滿籍官員，皇親國戚的不少，即使是七品小官，參加洋人或紳商的宴會，如果是主賓，例必遲到早退，藉繁忙為由，據說這就是擺做官的架子。

新貴們如借達官貴人的家廚做菜，為表示隆重，必備四人夫轎接送廚師。做廚師的，上門會菜，也穿長衫馬褂，「埋架」①時才改穿圍裙，弄二個熱葷，「推」一個翅或鮑的「芡」，就到宴客所在的外邊，或是屏風後面，靜聆主客對菜饌的批評後，又回到廚房，穿上長衫馬褂，坐四人夫轎打道回府了。

其後包辦館的廚師，上門會菜也穿盛服，坐四人夫轎來去，尋且成了風氣。盛服而又坐轎上門會菜的，必是名廚；沒轎坐的，不會是廚林高手。

乳鼠、象拔都成珍饈

「南蠻」飲食範圍廣而複雜，珍禽異獸，蛇蟲鼠蟻，都可做饌。「蠻荒絕域」年代，「南蠻」五臟廟的祭品，野蠻的固多，也有文明的。《朝野僉載》卷二記：「嶺南獠民好為蜜唧。」吃法野蠻，先飼之以蜜的做法，倒算文明吧？

古時稱為「大八珍」之一的象拔，也是嶺南所產。唐、宋國都所在地及其附近，不產此物，「南蠻」以象拔作五臟廟祭品，由來已久，《嶺表異錄》卷上說：「廣之屬郡潮、循州多野象，潮、循人或捕得象，爭食其鼻。」

綜上所述，雖然東拉西扯，大抵已說明「食在廣州」，「自古已然」的大概吧？

① 到崗上的意思。

「食在廣州」與四大酒家

大男人主義還未沒落，朱家驊先生沒搞天乳運動，中國也沒出現大腳女人前，並非住家男人，都聽過下面的俗諺：「生在蘇州，長在杭州，食在廣州，死在柳州。」

當年的蘇杭，山明水秀，文物薈萃，而蘇州多美女，選超越社會的所謂「愛人」較易。杭州產的綾、羅、綢、緞，譽滿全球，「人靠衣裝」的「裝」，也多姿多彩。「死在柳州」，因柳州盛產宜於做棺材的木料。至於「食在廣州」，一是天下食貨，自古以來比任何地方豐盛，二來廣州人普遍講究飲食，尤其清末民初，餚點製作之精美，為全國之冠。

廣州多了洋商、洋行

廣州是廣東省會所在地，過去廣州以外交通不便，文經不發達的地區，仍有不少靠擊石取火，或一枝火柴割烹一年（團年後廚房完全熄火，至開年才生火）飲啖的「南蠻」。故「食在廣州」之「食」，自古至今，都較省內其他地方突出。

「食在廣州」之「食」，在清末民初所以比過去多彩多姿，因「鴉片戰爭」後，海禁大開所致。中國多了「掘銀」的洋商、買辦階級，清政府不得不增設專辦洋務的機構。毗鄰英國殖民地香港之廣州商業有超額發展，洋槍及各樣洋貨，甚至海味的走私，都以廣州為集散地。因此清宮派駐廣州辦洋務的官，也較其他地方多。

由於洋商、買辦雲集廣州，各有所圖，飲食成為官商最重要的「公關」武器，致帶動了飲食業的發展。明末清初，屈大均著的《廣東新語》所記：「天下食貨，粵東盡有之；粵東所有食貨，天下未必盡有。」當時說的「天下」，只是中國。海禁大開以後，中國以外之「天下食貨」也大量輸入中國。廣州有近水樓台之利，如洋貨海味的成本，比其他地方低若干，造成「食在廣州」的「食」，多姿多彩的另一注本錢。又如百貨公司有專設的賣各國名酒部門，就所知廣州是始作俑者。

四大酒家的代表菜

有一個時期，中國軍政中心南移廣州，也刺激這裏的飲食業蓬勃發展，不僅資產階級的飲食鑽牛角尖（代理洋捲煙，年入逾廿萬銀毫之江孔殷太史，可說是代表人物之一），小市民的飲食，「光記」煲牛、「三嫂粥」、「池記」餛飩麵、佳棧燒味、滄洲臘味等，都是聞名全市的食品。

南園之「紅燒大網鮑」，西園之「鼎湖上素」，文園之「江南百花雞」，大三元之「六十元大裙翅」，就是四大酒家的代表菜之一。甚至飯菜麵點，也各擅勝場，如西園之「羅漢齋麵」，文園之「排骨麵」等。

「八卦田」之「鼎湖上素」

四大酒家主廚政的都是廚林高手。西園主政的是「八卦田」，「鼎湖上素」由他創製，是筵席上的大菜，非有人做酒請客，這個大菜是不上席的。「八卦田」善於揣摩食客心理，以「羅漢齋麵」作茶市的代表麵食。

南園主廚政的是邱生。「紅燒大網鮑片」原是其他大酒家也有供應的菜，而以南園的選料、刀章以至「推芡」最好。吃完鮑片，碟上不留一些芡汁。還有一個「鴨汁炒飯」，也是邱生所創。

主理文園廚政的「妥當全」，既有「妥當」的諢號，足見做事認真與負責。三十年代前，要先嚐一飯碗大的上湯，要花銀毫八角。八十年代，該值若干？當年食客肯付八角銀毫喝小碗上湯，可見廣州食壇還沒使用隱名「嗆喉」之味精前，上湯之熬製，所花工料確不少，這也可說是「食在廣州」的美譽的由來之一。如熬湯料的質量不好不足，加些味精便是「頂湯」，肯花八角銀毫喝一碗湯的，可說鳳毛麟角。

「妥當全」創製的「江南百花雞」，所選的是皮較厚的清遠雞。皮薄的釀上蝦膠，就啖不到雞味。四十年代，在香港大道中開創建國酒家之鍾林，隨「妥當全」之後，也主理過文園之廚政。鍾家多廚林高手，以「炒鱸魚球」聞名之「駝背鎏」鍾鎏就是鍾家高手之一。過往廣川廚林有「梁家芡，鍾家鑊」一句話，可見鍾家「候鑊」的功夫，曾稱雄廣州。

大三元創業於民國以前，成為四大酒家之一，則在三十年代，主理廚政的是諢號「翳鬚鑾」之吳鑾。因廣州酒樓業先進陳福田之號召，與諢號「豆窿堃」，高齡已八十五，移居美國做金山伯之李堃及助手若干人返穗主理大三元廚政，「豆窿堃」則任總管，主持營業部門。

吳鑾一日三易其裝

「翳鬚鑾」不僅是廚林高手，且是飲食行中，精於計劃與實踐人物之一。他主政廣州大三元時，每天三易其服，早上穿膠綢衫褲，午換齊整西裝，及晚則穿短袖笠衫，綁上圍身。

早上穿黑膠綢衫褲，是去魚菜市場，親自選購所需物料。法國廚王布駒氏，也是每天到市場購料，中午穿齊整西裝與食客周旋，晚穿圍身，因要在廚房飛刀弄鑊。一日三改其裝，為了應付不同的人與事，即此一端已不尋常，難怪「翳鬚鑾」當年在港粵食壇中同樣吃香。

吳鑾進大三元主政，上手已推出「六十元大裙翅」為招牌菜了。當時之六十元毫銀，可買十四擔上白米，可見六十元是一個大數目，致光顧的食客不多。「鬍鬚鑾」主政後出新招，凡品嚐「六十元大裙翅」奉送四個高級熱葷，於是惹來不少食客。曾有過一天賣六客「六十元大裙翅」的紀錄，即是六席食客，吃一頓大裙翅，等於吃掉八十四擔上白米，何止「豪門一席酒，貧家半年糧」！

六十元紅燒大裙翅

售價奇昂之「六十元大裙翅」，竟有食客，由於價有所值。弄淨的裙翅四十八兩；用來一再煨翅的，稱為「丹燒盆」之一盆上湯，重量三十斤，是以四十五斤水，淨瘦豬肉十八斤，削淨老雞九斤，火腿三斤，慢火熬成的。當然，一盆上湯並非只做一個「六十元大裙超」，但全沒鮮味的翅，一扣再煨的湯不夠濃、鮮，又怎可稱為大酒家的招牌菜。

一九三六年前，廣州有過十多年之飲食業的穩定，大小食肆，多有其為食客稱許的突出食品，甲店的，乙店並不仿效。割烹也有一定的水平，也極少在報上大做廣告，這可說是「食在廣州」年代的食風。其實二十年代以後，「食在廣州」的姿彩，已逐漸褪色。抗戰勝利後廣州的飲食水準已遜於香港與澳門，「食在廣州」只是一個歷史名詞了。

二十年代開始褪色

廣州飲食為甚在二十年代開始褪色？其中之一是東洋味精，繼而是神州也有人製味精在飲食市場大展拳腳。三十年代隴海、粵漢等鐵路沿線大城市之食肆的櫃架，陳列了若干罐味精，視為正宗的調味品。「食在廣州」的食的味道，為減低成本，也已秘密用味精提味，味精稱為「嗆喉」，其後稱為「師傅」，便如是這般地開始。但廣州大小食肆的飾櫃，絕不見陳列罐裝的味精。推銷味精者採實惠方法，每罐味精裏放一枚銀元，開味精罐的，多是主廚政的。故四五十年代出道的廚師，沒味精不能弄出美味的餚點，大有其人。

「食在香港」的美名之獲致，一是可集天下之「食貨」，二是可聚天下之割烹。若以神州之割烹技藝言，如少了「食在廣州」年代之「南蠻」專家名廚，替香港飲食業發揮了承先啟後的帶頭作用，即使所有「食貨」集予香港，可能也不會出現「食在香港」這回事，遑論美、加食壇的「港式飲茶」、「港式海鮮」、「港式餛飩麵」了。

品多精研之廣州茶室

「食在廣州」年代，多彩多姿之四大酒家餚饌，固馳譽海內外，名氣不及四大酒家，如十五甫之「謨觴酒家」的食客，精研飲啖者也不少。

「謨觴」的主廚者為廚林高手，自不在話下，也深諳《孫子兵法》的「攻心為上」的道理。

大排筵席的「茶膽」

凡在「謨觴」宴客，主廚政的，必先打聽誰做東道，主陪客是甚麼人，如主人是某夫人，被邀約的是師奶或未來師奶，則餚饌味道的調配，宜於清淡。閨閣中人，做杜康同志的不多，味覺未被酒精包圍，不大欣賞氣味濃郁的餚饌。

或問主廚政者：「一二十席的喜筵壽宴，逾一二百食客，又如何處理味道的濃淡？」答曰：「主人及重要賓客的二三席，特加注意外，其餘則難於兼顧了。比如一壺茶，並非全用『茶膽』——先放所需茶葉於壺中，以少許開水泡之，全體客人需供茶時，然後加多量開水泡之，茶色一樣，香與味比即泡的差。主人與主賓席就不用『茶膽』泡茶。」由此類推，大排宴席的菜，弄得色、香、味俱佳的並不易。

茶室都比茶樓講究

四大酒家外，當年廣州還有十大茶室。茶的供應，點的烹製，可稱得上品多精研。以茶言，兼供應芽菜炒粉的「二釐館」，茶價每盅二釐，茶樓及兼做茶市的酒樓，當年茶價每盅一分二至二分四的都有，惟茶室的茶價每盅三分六（一毫七分二，三分六等於半毫），不僅茶的質經常保持同一標準，泡茶的盅，也先用開水燙過才下茶葉。在茶客前泡茶外，還另備一個小盅，放入茶杯，然後加入開水。茶客等到茶已泡開，酌茶時的杯是熱的。

茶居、茶樓或酒樓的茶市，供應的點心，如「南蠻」四品代表點心的蝦餃、粉果、燒賣、叉燒包，都由夥計從廚房一籠一籠地捧出來，穿插在茶桌間，由茶客自己挑選。

茶室點心即叫即蒸

茶室點心的供應，先印好點心譜，還縛上一枝鉛筆，由茶客在譜上畫若干款及數量，由店小二撕下一紙，拿到廚房去，待點心師傅即蒸、煎或炸的弄好才拿出來。

在五湖四海所見，如川、湘等地，名之為「擺龍門陣」的喝茶酌場所很多，但茶與點的供應，找不到可與廣州共比高的。

古已有之的，在茶館品茗這回事，在革命策源地的廣州，也革了命，茶與點的供應，都有一個新面目。即就這一點說，則「食在廣州」之食，已不如當年「食在廣州」了。

茶樓在香港，有悠久之歷史。至於茶室，就記憶所及，第一家是永吉街之「陸羽」。五十年代後兼營茶市之酒樓甚多，茶點供應一若茶室的，也有好幾家，茶的品質，仍以「陸羽」最講究。一九四五年後，「陸羽茶室」仍有香港淪陷前的雲南舊普洱茶。

當年廣州十大茶室

當年廣州稱為茶室的，約二十家，出品各擅勝場，也各有其陸羽、盧仝之流，及精研飲食之「擁躉」。陳濟堂主粵政的年代，人稱十大茶室是：一，龍泉；二，樂山；三，味腴；四，蓮香；五，半甌；六，菩薩；七，茶香室；八，談天；九，蘭苑；十，在山泉。

「茶香室」兼營酒菜。「菩薩」則有晨早及第粥。「茶香室」還以「娥姐粉果」作招牌點心。「茶香室」在十八甫之清雲橋腳，樓上是茶室，底下舖面。娥姐是風韻猶存的半老徐娘，過去傭於西關豪門。娥姐在「茶香室」舖面開粉果皮包粉果，等於做了生招牌。「娥姐粉果」名滿廣州食壇，與此不無關係。廣州「娥姐粉果」所以出名，由於粉果的皮薄如透明玻璃，可見到餡的顏色，餡的刀章功夫精細，顆粒分明，味道調配恰到好處，予食客的觸壓覺以高度享受。尤為難得的是皮雖薄卻不會爆裂，據説搓皮時加些冷飯。

香港賣點心的食肆，都不缺糯米雞。過往原是「在山泉」創製，是季節性點心，春夏則不供應，視為「不時不食」之食。

「味腴」的「湯麵餃」，也是膾炙人口的點心，至今未見有哪家食肆仿製。當年一碟炒麵售價二毫，一碟「湯麵餃」卻賣二毫半。也可要半碟，代價一毫半。單身茶客吃半碟的多。

「半甌」的茶，與別不同。飲普洱茶的，加些杭菊；紅茶則加乾玫瑰花。由是也招徠不少盧仝、陸羽之流。

「半甌」茶客最欣賞的點心是「蟹黃灌湯包」。

香港以至美國賣「滬式點心」食肆，也有「蟹黃灌湯包」供應。包餡即使有蟹黃的色，卻全沒蟹黃的香。以蛋黃冒充蟹黃，哪會有蟹黃的香？「半甌」的則貨真價實，也是季節性的點心。

「蓮香樓」原是茶樓，在「食在廣州」年代，曾是茶室「格局」，點心固隨叫隨蒸。座位上邊，還有一枝竹竿讓攜雀籠的茶客，把雀籠掛在竹竿上。茶客以闊少及二世祖之流多，坐下後不必説飲甚麼茶，店小二便會泡來這位茶客慣飲的茶。這和當年永吉街的「陸羽」差不多，店小二幾全知哪一位茶客飲甚麼茶的。

星期美點出神入化

茶室和茶居、茶樓的最大分別，除供應的茶講究外，熱點的供應，既沒「回籠」的，也不賣「翻蒸」的。除了常備的點心如蝦餃、燒賣、叉燒包等外，還有「星期美點」。每星期更換的，多符合「不時不食」的原則。由於每月有四個星期，故茶室主政者，無不挖盡心思，推出新的合時令的製品。

很多人敬而遠之的臘鴨尾，南安臘鴨冬天在廣州出現後，茶室也用來做「臘鴨尾酥合驢」、「臘鴨尾粉果」，迎合一部分視臘鴨尾為天下至味的茶客。

每屆蟬鳴荔熟的季節，叫人望而生畏的桂花蟬，也有茶室用來做「桂花蟬批」，讓茶客多一品「時食」。

當年賣甜品以「雙皮奶」、「薑汁撞奶」、「山楂奶皮捲」名滿廣州，在打銅街橫巷之「杏花樓」的師傅，二十年前來了香港，其時仍在永吉街原址之「陸羽茶室」，有意推出「山楂奶皮捲」，遂求教「杏花樓」之師傅，花了不少時間與精神，也弄不來像往日「杏花樓」的甘香，原因是香港沒水牛乳供應。故「陸羽」每星期更換的點心譜，並未發現「山楂奶皮捲」。

「食在廣州」已成歷史名詞。生活緊張的「走資」社會，茶室的經營，如大力學習「食在廣州」年代的舊樣，難免在門前標貼「修整爐灶」，實際是關門大吉的紅招。

八十年代，香港掛出「粥麵專家」招牌的食肆，竟缺「炒麵」這類麵食供應。難道專家不懂得「炒麵」？沒「炒麵」供應，可能是食肆的後門，沒有一口可取之不盡的油井。此因香港租金奇昂，炒麵比湯麵撈製花時間較長，影響其他食品不能多賣。

粵菜溯源錄

叁：粵菜四系

濃膩突出的潮州翅

潮州海產不比廣州少，為甚魚翅的烹製，不比廣州花樣多？此因潮州不是政、經、文中心的省會，求與供所需有限所致。但潮州翅之濃鮮膩滑卻甚突出。

兩廣總督創潮州翅

據說潮州食肆，有魚翅供應，始自清代同治末期（公元一八七〇年前後）汕頭鎮邦街一家菜館。主人曾居廣州，做過兩廣總督瑞麟（滿籍）官邸幫廚多年。瑞麟講究飲食，尤以精奢聞名宦海。及其歿後，幫廚返原籍，在汕頭開菜館，以魚翅烹製濃膩飲譽食壇。故潮州翅的烹製方法，可說源出廣州，創始者卻是滿籍大官。

瑞麟愛吃的魚翅是否一如現今潮州翅的濃膩？考證不易。倒是許榮成編著之《正宗潮菜譜》，魚翅的作料與烹製方法，還可見到些輪廓。如今吃潮翅的佐料有綠豆芽菜、紅醋與芫荽，都有中和濃膩的作用；如吃「清湯生翅」，加些紅醋，湯的鮮味就會淡些。

作料已是濃鮮膩滑

許著潮州翅作料是：毛翅三斤，雞三斤，火腿腳一兩五錢，五花腩一斤半，豬肉皮十二兩，排骨一斤半，還有豬油一兩，味精三錢，中湯五斤，上湯一斤半。就上述材料看，用不着品嘗，已知其濃膩。

「鹹蟹」也是潮州妙品，每天吃一隻肉滿膏豐之母蟹，吃一頓潮州翅，依西方營養學或中國之「食療」言，都是利口不利身的美食。但是吃「鹹蟹」和吃「潮州翅」之潮人，不知膽固醇為何物的不少，耋年仍步履輕健的，大有其人。甚麼是「中和」？他們倒熟之稔矣。每天吃「鹹蟹」、「潮州翅」、「玻璃芋泥」前後，不讓他們喝先澀後甘的「功夫茶」，不會答應的。

澄海滷鵝聞名潮州

常吃愛吃「鹹蟹」，以及動物脂肪作香的靈魂的美食的，若氣味帶苦澀的「功夫茶」絕不沾唇的話，即使平日靠體力謀生，日子久了，也難避免到醫務所的候診室做新客。

香氣突出的潮州菜，固由動物脂肪提香，甚至包點，也用動物脂肪製作。如過往澄海最出名的「南陽升記」之「雞肉包」與「豆沙包」，香氣就是來自動物脂肪。以動物脂肪製包點，「南陽升記」並非首創，但香氣比一般的突出，歷用脂肪，可能先行煉過。

據說「南陽升記」，發麵製餡，兒媳可參與，最鍾愛的掌珠，卻不讓她知見，怕「秘笈」外洩。

「滷鵝」在潮州，是最普遍的冷食，大小食肆，以至街頭巷尾的攤檔，都有「滷鵝」供應。澄海城內那家食肆的「滷鵝」所以出名，由於有一盆逾百年之「滷水」。

集香料烹之至和味

「滷水」作料，北方稱為「五香」，包括花椒、八角等五種香料；「南蠻」則用八味。潮州與廣州的，大致相同。主「中饋」的嬌嬈，也可弄得來。中藥店也有混合的香料出售。太平洋彼岸，美、加的滷水，過去的都未敢恭維，六十年代以後，才逐漸弄得像樣些。

凡與味蕾接觸，八角氣味突出的「滷水」不能稱為「和味」。所謂「和味」，不過是五香或八味，同流合香，加熱以後的一種味道，其中有丁香與草果，卻啖不到它的氣味——不突出某一種香料氣味，就叫做「和味」。

「南蠻」的「滷水」，必不缺陳皮。曬乾的柑皮存放了相當時日，則稱之為「陳皮」。既是香料，也作藥用。雜貨店、中藥局全有陳皮出售。陳者舊也的陳，細說起來，倒有不少學問。白紙或影視機器，無法披露其然和所以然的。可舉例言之的是：加拿大、美國唐山雜貨店供應的陳皮，半磅裝每包二元二角半，香港的中藥店有十元至五六十元一兩的。後者當然比前者陳，但是，效果有何不同？就要「君子學以聚之，問以辨之」。

湖廚高手兩盆寶物

陳「滷水」不僅「和味」，且醇而帶鮮，醇由陳而來，鮮則因滷過的肉料留下來的肉味。「滷鵝」的吃法很簡單：把滷鵝肉切薄片，蘸蒜蓉、白醋然後吃。肥少瘦多的鵝肉，頗堪啖嚼。時下的「滷鵝」，多有強烈的八角氣味，及超過鵝的本味的鮮。若用陳「滷水」滷的鵝，肉既醇鮮，掌、腎與肝也是吃不厭的下酒物。掌柔膩微韌，腎則清腴帶爽，肝還有甘的氣味。潮汕廚林高手，必有兩盆寶物「滷水」與「魚滷」，等閒不讓別人挪動的。

位於韓江三角洲、南臨大海之潮州，各種水產甚豐，大部分潮人可說是「近水吃水」。南洋七州府，華僑以潮人最多，就與「近水」有關。日常飲食，來自水中的也多。

最可靠的「米飯班主」

蠔煎、魚蛋、蝦丸、蟹棗、燒螺等菜，凡潮籍廚師都可弄得來，水準高低，又是另一回事。

「魚滷」就是用來烹魚的汁，與「滷水」的用途不同，卻像「滷水」一樣，以陳為佳。以「魚滷」烹的魚，吃時蘸普寧豆醬，潮人以外的食客，多不能欣賞其妙處，尤其像手掌大的鯧魚等，是香港人看不入眼的海鮮。

潮州以廚為業的廚師眼底「滷水」與「魚滷」兩盆寶物，是他們最可靠之「米飯班主」。如果經「魚滷」弄熟的魚鮮，「滷水」烹製的食品，潮人稍嚐即止，即使是第一流名廚，金字招牌也會褪色。故潮州廚師視「魚滷」與「滷水」為寶物。即使有了冷藏設備以後仍對這兩盆寶物的冷暖寒溫，照顧十分周到。

以脂肪作香的靈魂

潮州葷的餚點，固善用脂肪突出它的香氣，素菜也有以動物脂肪作香的靈魂。「燉興寧姑」（興寧冬菇雖薄，但夠香夠滑，潮汕外穗、港少見）的香，所以突出，是用煉過的雞的脂肪同燉。「紅燒芥菜」的香，卻借助豬的脂肪。甜菜的「潮州伊麵」，也用多量豬的脂肪烹製。

葷菜中湯菜，「檸檬鴨湯」沒用脂肪的香，湯很清鮮，且有濃厚的檸檬的香，卻沒有檸檬的痹澀氣味。據說是用全顆檸檬烹製，卻不讓檸檬破裂，否則會滲出痹澀的氣味。在悶熱難耐的日子裏，飯前喝一碗「檸檬鴨湯」，確有胃為之醒的效果。

「滷水」不單只用來滷鴨，也滷蛋及其他食物，還有「滷豬頭花」，其實就是「滷豬頭肉」。

樟林鄉的頗負盛名，豬頭的處理方法與味道調配，比其他的講究與認真，售價卻比其他的廉。

潮州鹹芥菜是貢品

「滷鵝」、「魚蛋」、「牛肉丸」及各種醃製的瓜菜如鹹蘿蔔、鹹芥菜等，顧客最多的還是中下層階級。日出而作的家庭，早上弄一煲潮州粥，以鹹菜等物佐粥，午飯晚餐到食肆或攤販買些「牛肉丸」、「魚蛋」、「滷鵝」或「豬頭花」等，煮飯而可不做菜，便解決五臟廟所需的祭品了。

種類很多的醃製瓜菜，稱為「貢菜」的，就是醃過的小芥菜，妙處可啖到芥菜原來的氣味，成為潮州奉獻給皇帝的貢品，故稱之為「貢菜」。

「滷豬㮟肉」也是美食

「滷豬頭肉」可稱為美食，已不尋常，等而下之的是「滷豬㮟肉」。七十年前，在潮州府衙前，叫做明勝境這個地方，是零食、小食小販集中的所在。有一攤檔，獨沽一味「滷豬齷肉」，也是明勝境這個地方最出名的美食，售價且比任何「滷水」食物的攤販貴些。但踎在長木條凳上，買二三片「滷豬㮟肉」佐粥或飯吃的，大有人在，號召力這樣強，可能是那盆陳「滷水」，加上像牛皮般韌的豬㳸肉，滷的火候夠，弄成像嫩豬的鬆軟而又美味。

府衙前之明勝境，若干年前已是瓦礫之墟，今天明勝境的風物，是否可再現？又有無擺「滷豬㳸肉」的攤檔？這要到潮州舊府衙去，才弄得明白。

潮州的「燒白皮乳豬」

潮州豬的烹製，美食可不少，澄海城內，從前一家食肆的「鹹菜燜豬肉」，據說也是馳名潮州的美食。做法很簡單，用酒與水，炊透鹹菜與豬肉，瘦的鬆軟，肥的甘腴不爛，切片的鹹菜尤其美味。能成為美食，必有烹製的「秘笈」，如「料頭」有些甚麼？外間是不知的。

潮陽的「燒白皮乳豬」，也膾炙人口。汕頭食肆所賣的「燒白皮乳豬」，無不冠上「潮陽」二字。惟是啖過正宗的，入口便知是否傳統的做法。

三十年代前後，汕頭食物極為豐饒，水產家禽應有的幾乎盡有。即以糕餅及甜的零食如「芝麻糖」同「花生酥」等來說，種類數十，且不少佳品。挑擔沿街喚賣，或擺攤檔的小販，無須自己製作，只要肯賣，供應來源不斷。其中佛門弟子，唸經茹素外，為增生活所需，也有弄些素的零食糕餅，作小販貨源的後盾。

潮州餚點顯功夫

潮州菜是「南蠻」菜之一，以八十年代見聞來說，傳統潮式餚點，常吃多吃，會使體內多增膽固醇，出現血壓高等問題。但是，吃了大半輩子潮式餚點的潮人，策杖之年的壽星不少，同飯前飯後，喝幾杯「功夫茶」有無關係？似值得對飲啖有興趣研究者探討。

生活在亞熱帶的「南蠻」，有所謂「發熱氣」這宗事，故飲食講究多免「發熱氣」的羹湯。如「南蠻」遊星、馬，吃上兩三頓咖喱，要同星、馬人士看齊，吃咖喱卻不吃未經加熱的瓜蔬，就免不了「發熱氣」。

先澀後甘的「功夫茶」

據說潮州菜因多用動物脂肪烹調，零食與糕點的香，也多來自豬的脂肪，常吃多吃而不喝先澀後甘的「功夫茶」，難免增多了威脅健康的膽固醇。

「功夫茶」不僅是潮人日常的飲料，飯前、飯中、飯後如沒「功夫茶」，也食不甘味。故潮式大排檔的「功夫茶」雖非佳品，色、香、味都比其他「南蠻」食肆好得多。

所謂「功夫茶」是半發酵的岩茶，主要來源是福建西南武夷的水仙和安溪的鐵觀音。

有道「福建茶廣東銷」，由於潮人嗜茶成癖，又經銷茶葉。潮汕茶商在福建買茶，若干年代前，已非買若干擔或噸，而是把茶山全部產品買下來。武夷的水仙，安溪的鐵觀音，潮汕多佳品，就是出處不如聚處。尤其清末《天津條約》簽訂後，汕頭成為商埠，福建西南產的岩茶，大部分經潮汕出口，南洋各州府且是大市場。那些地方嗜「功夫茶」的特多，這因潮、福華僑佔絕大部分。

很花工夫的「功夫茶」

潮、福人喜喝的水仙與鐵觀音，為甚麼稱為「功夫茶」？源於古代上層社會的「鬥茶」之風氣演變而來。產茶區之閩西南，為方便茶商試茶，大杯不能多嚐品種，故改用小杯，一若歐美葡萄酒產區的試酒用小杯，酒量有限，試喝幾家酒廠的產品，也不會醉倒。泡茶用的水與壺之講究，更是自古已然。水又分天水、地水與人水。天水指雪水、雨水。雪水採梅花上的雪，潮汕少下雪，多自有雪的地區運來；雨水要直接從天而來，經過屋簷的雨水不用。地水有山泉與江河及井水之分，最好是不含雜質的山泉水。人水是經水喉流出來的，因含氯氣，陳放若干時間待氯氣散失才可用。壺則用宜興的紫砂壺，還要舊的才合標準。燒水的燃料用木炭或欖核。泡茶用剛燒開的蝦眼水。如何泡？怎樣斟？也絲毫不苟，甚麼「關公巡城」、「韓信點兵」等。頭沖、二沖、三沖的時間都有規定。斟茶要「關公巡城」才能各杯的色澤一樣。

高手泡茶不見茶末

高手泡茶，喝後杯底不會見到茶末。原來燙熱茶壺、下茶葉也有先後。在以水燙熱茶壺之前，先將待泡茶葉傾在紙上，然後把它撥為三堆，大片的、小片的和茶末。燙熱茶壺後，先把小片的茶葉放入壺裏，繼而茶末，最後是大片的；又把數片大的塞進壺嘴裏面，等於有了濾器，茶末不會斟出來。東洋人講究茶道，要花的工夫不比「功夫茶」多，故潮、福人泡的茶稱為「功夫茶」，倒是名副其實。

潮、福人因喝「功夫茶」而窮，以至於敗家的，老一輩的或多或少都聽過，以「功夫茶」救人一命的故事，發生於二十世紀初期，流傳還不廣。

「不得其醬不食」之信徒

據說一潮人喪婦後續弦，前妻已生一子，後妻再添一丁。及屆入學年齡，昆仲都健康活潑，同進子曰館（私塾）就讀。

半年後老師發現年長的愈來愈肥腫難分，卻沒有病容，因問每天吃些甚麼，回說每天吃「豬油撈飯」。老師心內明白是怎麼一回事。由第二天開始，兄弟上學後，老師給年長的喝一杯「功夫茶」。三個月後，哥哥不再肥腫難分，且健康活潑。繼母以為是「豬油撈飯」之功，此後則把「豬油撈飯」給她的親生兒子吃，數月後此子也肥腫難分，終至嗚呼哀哉。

《論語・鄉黨篇》載孔子講避的「不得其醬不食」的話，四系「南蠻」菜以潮菜蘸食或佐食的醬最多，可說是孔子的「不得其醬不食」的忠實信徒。

其實潮菜也講究「不時不食」的。以魚生說，要在有北風的季節才吃。潮州魚生的魚是鯇魚，把魚劏淨，不再沾水，以乾布抹淨血跡，然後起肉，成塊懸於當風處，讓北風吹若干時間，才切片蘸醬吃。切片又分厚薄：年輕的喜歡吃薄片，吃時蘸甜酸醬；年長的為觸壓覺多些享受，愛啖厚片，吃時則蘸鹹醬。

十分香口的炒甜麵

時下的潮州菜館，為迎合非潮籍食客口味，把冷食之一的鹹芥菜，加上糖與麻油。潮人吃則不加此二物，下箸時一夾數片，蘸蒜醋然後吃。以魚生與鹹芥菜為例，足證潮人是孔子的「不時不食」和「不得其醬不食」的忠實信徒。

順德菜有甜食的沙河粉，潮州菜也有炒甜麵。潮菜炒甜麵的作料是：手打寬條麵、揭陽菜脯條、韭菜、綠豆芽菜、豆腐乾條。以甜醬炒之，吃時加糖醋，是十分香口的麵食。所以香口乃麵條與副作料加熱後共同冒出的效果，機製而又是幼條的麵，是否有此效果，則不得而知。

用小棉胎包裹潮州粥

香港地區與美國的潮州菜館，都不缺潮州粥。煮法不同北方的稀飯與廣州粥。用明火煮米至開花，即停火焗之便是。農業社會年代的潮州粥，煮法雖一樣，但既是早餐，也作午食。把煮好的粥吃若干，其餘的原煲不動，把氈或夾棉的小棉胎連煲包裹不讓熱氣外洩，午食時仍是熱的，比早上吃的有豐富的米香。這些香氣，就是佛門中人所說的飯也有淡味的氣味。

時移勢易，「走資」社會也有很多改變，不特潮州菜館已沒有用氈或棉被包裹的潮州粥，潮人的家庭，也不一定有上述的粥品。早吃的潮州粥佐以葷或素；午啖的則只有素品，如鹹芥菜、橄欖等。據説午、晚的佐以葷品，就啖不出粥的米香氣味。

「玻璃芋泥」百吃不厭

「南蠻」其他餚點，就一個香字説，多不及潮州的。所以香由於多用動物脂肪。半世紀前，香港西區挑擔沿街喚賣一毛八個的「糖不甩」（沒餡的糯米丸）就用豬油搓過。

時下潮州菜館的「玻璃芋泥」，是否常有供應則不知。已有六十多年歷史，三角碼頭之天發酒家，過去無須預訂也有供應。在家宴客要弄「玻璃芋泥」，三天前便做準備。所謂「玻璃」，不過是豬鬃肥肉，用糖醃過若干時間，才切薄片派用場。

四五十年代，南洋州府潮僑，返鄉經港，少有不做過天發的顧客，就因為可啖傳統割烹的餚點（時鮮和海味），有些是星、馬、泰、印尼所沒有的。

沒豬的氣味的脂肪

「玻璃芋泥」的製作，看來沒甚「秘笈」，傳統做法是把脂肪加熱變成流質以後，下薑炸出薑的氣味，拿起薑，再下葱炸至焦黃，葱也弄去，就是香而沒豬的氣味的脂肪，用來搓已有糖味的芋泥，以器盛之，上蓋醃過糖的豬鬃片，就是百吃不厭的「玻璃芋泥」。惟是，嗜啖富脂香的甜食，啖前食後不喝「功夫茶」，要活到策杖之年，而無須策杖的希望不大。

潮汕不過是「南蠻之域」面積不廣的地區，竟有潮人敢在海外，甚至西方食壇，堂堂正正地掛出賣潮州餚點的招牌，連金髮藍睛的顧客也「食而甘之」，則「南蠻」的飲食文化，未審可否臻於多彩多姿之列？

生吞果子貍的眼睛

近年大量越南人包括越籍潮裔移居美國，東西兩岸出現不少越南菜館，潮州菜館也多了起來。由於售價適合知慳識儉的美國食風，無論越菜或中國潮菜的食客，皆有「唐和番合」之盛。

蘸蒜醋吃的「滷鵝」，是潮州菜冷食之一，惟是市場缺鵝供應，只好以鴨代鵝。四五磅的光鴨，肉嫩味鮮，不在香港的「滷鵝」之下。「潮州魚翅」、「蝦棗」、「蟹棗」、「銀杏芋泥」等的供應，大致不缺。「功夫茶」則難求佳品，卻比其他菜館或「港式飲茶」的茶好得多。

越南氣味的廣州菜

美國東西兩岸潮州菜館的潮菜，屬哪個等級，這要由三十年代前後，品嚐過潮汕的、香港的潮州菜的潮州人，才可道出其然和所以然。

聖賢雖說「口之於味也，有同嗜焉」，其實並不盡然，如成都人視頂麻奇辣食物為天下至味，同嗜的「南蠻」並不多。各地的地方菜，皆有其土氣土味，要生長在這個地方的人才能道出是否確有「菜根香」。五十年前，上海最多外省食客之「新雅」，賣的是廣州菜，「南蠻」食客則認為欠土氣土味。不少不應有甜的餚饌，也用糖提味。當年上海最夠土氣土味的「南蠻」菜，在粵商俱樂部可以品嚐。

年前在東歐打了一個「白鴿轉」，經法蘭克福時，發現一家賣「南蠻」菜的菜館，自是不肯放棄一啖的機會。店小二有德籍與「南蠻」，因問主廚政者來自何方？答以來自越南的「南蠻」。誰知弄出來的，看來是「南蠻」菜，氣味則與越南菜甚為接近。至於美國的潮州菜，也兼有越南菜的氣味，但究竟有何不同，這要潮州人才弄得明白。

潮州飲食至為精奢

潮州菜是「南蠻」菜四系之一，精美的潮州菜，自選料至割烹，一絲不苟。

三四十年代，香港萬兒響的潮人，南洋州府之潮僑，返鄉探親，經汕頭時在菜館做客或做東道所品嚐的「功夫茶」，泡茶的是茶博士，或稱為茶師，而非店小二。這同歐陸大菜館一樣，在席上供酒的，不是店小二，而是穿上與酒有關的披掛的酒師。所不同於潮州的，是前者供茶，後者供酒。但二者對有關茶經或酒史必須有問必答，或有詳答的能耐。酒師如被問及一八八二年德國佳釀是哪一種，不能不知所答。茶師分茶，要每杯茶色一樣，也不應見到杯底有茶末。

香港成為奢食主義者天堂，是七十年代經濟起飛以後。潮州地方不大，十六世紀開始，已陸續出現奢食兼精食主義者。

鵝掌充血而後斬之

省外人及西人視「南蠻」吃蛇為「蠻食」。其實「南蠻」還有比吃蛇更「蠻」的「蠻食」，那是啖小猴的腦、「蜜唧」和「鵝掌」。還沒有睜開眼睛的乳鼠，同口腔內的觸覺接觸，發出唧唧之聲，這種由吃蜜糖的母鼠生下來的乳鼠，稱為「蜜唧」。趕鵝羣於鐵板上面，慢火燒熱鐵板，讓走動的鵝掌充血，然後斬其掌烹而啖之。這些「蠻食」出現在潮州，由來已久，近世紀已少聽到有人啖這些「蠻食」，唯一知道的：五十年前，活到九十歲才駕鶴西歸的葉家老太，生前每年要生吞數隻果子貍的眼睛。吃法是把果子貍一對眼睛挖出來，以龍眼肉包之生吞。

潮人也多「蠻食」，有可能源於以形補形。

「魚飯」是精奢食品

潮州豪門富戶的飲啖，多是奢食與精食。如以「魚飯」宴客，已不是簡單的食。「魚飯」的烹製是先在塘裏網上十尾大鯇魚，劏淨去鱗後，不再沾水，以乾布把血跡抹淨，全尾放在三尺六大鑊裏飯面上蒸熟，魚則不吃，只以近鑊底的飯款客。

所謂「魚飯」，等於《清稗類鈔》中的「海參席」或「燕窩席」，以海參、燕窩為主菜外，還有其他的冷熱下酒菜。

「牛肉粥」是極為普遍的粥品，但潮州豪門的「牛肉粥」，卻是精而奢的食品。做法是用即日劏的牛肉多斤，牛柳肉若干，把牛肉熬成極濃的一鍋湯，然後以這些牛肉湯泡牛柳片拌粥吃。

「魚飯」與「牛肉粥」的割烹，已如此精奢，則山珍海錯的弄饌，難道不鑽牛角尖？

紅頭船使潮人不窮

任何精研飲食的族羣，沒有不靠文、經以至政治的推動與支持的。清中葉以後，揚州餚點聞名全國，由於滿族皇帝要收買人心而重建揚州，這就是政治上的支持。地少人多的潮州，竟弄出另一系「南蠻」菜，也不例外。

潮州在唐代，是很荒蕪的。開元時不過九千戶，廣州則六萬多，且是政、文、經的中心，但是直到宋代前，廣州不及潮州聞名天下。所以聞名，則因文起八代之衰、被貶至潮州的韓愈作了一篇《祭鱷魚文》，使天下人知道有潮州這個地方。

農業社會年代的潮州，雖有漁鹽之利，但交通不便，所獲益處不多，潮人大半過着窮困的生活。直到十六世紀，潮人對「有土始有財」這觀念有所懷疑，由是轉之二章。藉水化財，建造可航遠洋的紅頭船，使潮人可漂洋過海做買賣，潮州窮人開始逐漸不窮，其後且多不靠良田千頃、做官發財的豪門富戶。

潮人後裔南洋甚多

紅頭船改善若干潮人的生活。以後，落籍南洋州府的潮人也不少，華僑之名可能由此而來。二十世紀的八十年代，七州府的頭頭，被統治的庶人，如要查根問底，有炎黃子孫血統的，不在少數。

在南洋七州落籍的潮人雖不少，也有發了財以後，回到故鄉落葉歸根的，這羣擁有財富或僑匯的潮人，回到故鄉以後，美居室添姬妻以娛晚年的，至為尋常。但打發日子的方法，不離飲啖。飲茶之微，也花很多工夫，後來且稱之為「功夫茶」。其實「功夫茶」的茶，產於福建之安溪與武夷的佔絕大多數。潮人之「蠻食」，如一千多年前的象拔，其後的鹹芥菜，都是獻奉皇帝享用的貢品。潮州又是漁鹽之區，海錯特多，有了一羣有錢又有閒的豪門富戶，為了養生與口腹之惠，日子久了弄出了很多既精又奢的餚點，「南蠻」菜中一系的潮州菜，就如此這般地形成。

味精還未在食壇出現前，潮州菜的烹製，無論上、中、下的，非上湯不行。紅白二事的白席，三十年代每席二元，也用上湯烹製，不過所用的湯料是黃豆芽與豬骨，而非雞和豬肉等。以海錯為主料的「魚蛋」、「魚餃」、「蝦棗」、「蟹棗」，是普受潮人以外最受歡迎的菜，作料與烹製如不馬虎的話。

潮州「燒螺」的香、鮮、嫩與廣府菜的「燈盞螺片」的割烹雖不一樣，卻有異曲同工之妙，予啖者的觸壓覺、味覺以極高的享受。惟是蘸豆醬吃的蒸魚，卻非普受潮人以外的食客歡迎。

美國的潮州菜屬甚麼等級？這要潮州人才可說個明白。至於香港的潮州菜，人說要啖料正烹精的，還得求諸「潮州大兄」的家廚。

割烹不馬虎之順德菜

放眼世界食壇，複雜多變，莫過於香港。尤其七十年代以後，單以中國菜而言，林林總總的都在香港出現。選料與割烹是否「正宗」與「傳統」，又屬另一回事了。中國菜中並不十分古老的菜種，在香港出現，要算是順德菜和滿菜。順德菜是廣東菜四系之一，創自明代，比可稱滿菜之「滿漢全席」出現早二百多年。

過去有人說京菜就是滿人的「國菜」。但是清初在北京，經營京菜館的，老闆與廚師全是山東人。一頭豬可弄出逾百品食物之北京「沙鍋居」，是滿人經營的，可算正宗的滿食。清帝賜宴羣臣，以及紅白二事，所吃的都不是京菜；招待外國使節倒是京菜。

太艮是大良的原名

滿人曾是遊牧民族，最早嚐過的漢菜，出自山東人為供應在東北開錢糧莊的同鄉需要而經營的山東菜館。如果把在北京賣的山東菜及廚師也是山東人的京菜，全算是滿之飲食文化，則京菜比順德菜古老得多。早在孔仲尼的年代，魯菜的發展已及於冀、豫等地。

稱之為大良或鳳城的餚點小食，總而言之，或統而言之，是珠江三角洲，名為順德縣的縣菜。順德菜以南海菜為基礎，糅集了番、新、鶴、中一部分菜式及烹技，精益求精而成。

五百多年前，廣東地圖並無「順德」二字，大良原名叫做「太艮」。其後太艮置順德縣，把「太」字下面一點，加在「艮」字上頭，直到如今，仍稱之為「大良」。

大良所在地是鳳凰山，從前是有城的。鳳凰山今仍屹立，城牆則不知所蹤。順德菜稱為「鳳城菜」，因為鳳凰山過去有城之故。

「蒜子風鱔」可遇難求

開一爿賣順德餚點小食的食肆，不僅在省內外可以落地生根，遠至太平洋彼岸之舊金山，順德陳漢伉儷賣順德菜同樣有不少食客。大概是嚐過的「有同嗜焉」者多。

順德餚點品種不多，土氣土味的且佔大多數，如「大良燉奶」、「陳村炒粉」，並非甚麼名貴食品，由於用料與割烹不馬虎，保存了土氣土味，為食客所歡迎。「炒鵪鶉鬆」是有芡的，但上碟時卻又不見芡。

在香港，要吃順德風味的菜，除了「蒜子扣大鱔」和「炒牛奶」可遇不可求外，順德菜館可供應順德風味之八九。

風鱔只限於冬盡前後，太平洋風鱔，每條有逾百斤，游進珠江，被漁人網得。五十年代前後，賣給香港酒家的每條數百至逾千港元。買得風鱔之酒家，用紅紙寫了「生劏鱔王」貼在門口當眼處，讓老饕們預訂。要吃一個鱔頭，代價不會少過港幣二百元。

「炸春花捲」最宜下酒

鱔王不是白鱔，而是另一類；海南、菲島均產此物，頭尖背黑，敏鋭迅捷。置手指於水面，發現牠來時，手指已被咬去。頭與尾肉嫩味鮮，背面堅實。漁民網得鱔王，這一年就不再捕魚，因西江的魚早被鱔王吃光。

「炒牛奶」是很普通的菜，如沙灣有水牛奶供應香港，會有甘香效果，其他代用品不甘也不香。

杜康同志視為美食的「碎炒豬肉」與「炸春花捲」，未聞在香港食壇亮過相。過往大良之喜筵壽宴，「碎炒豬肉」所用的作料，不過是豬肉、旱芹、雲腿、粉葛、米粉，前幾種切成絲狀後炒之，米粉炸過墊底。

「炸春花捲」的作料是大地魚、蠔豉、雲腿、馬蹄，將之切成小粒，分別處理。後捲以網油，炸之，切成約寸長的捲便是。

一炒一炸，兩道菜的作料相同的唯雲腿。為甚麼不用金華腿？此中當有文章，即此而言，可見順德菜之選料講究。這兩道菜為甚不見諸順德菜館的菜譜？可能嫌工夫過多，又不能賣高價。

阿聾綠豆沙很出名

「食在廣州」年代，南、番、中、順四縣，最講究飲食的首推順德，大酒樓有好幾家，這是其他市、縣不多見的。橋珠、桃園、迎香三家酒樓，到民國十年（公元一九二一年）前後，依然頗有名氣。其中之桃園，還有演落鄉班的舞台，可見其規模之大。

迎香酒家附近，阿聾賣的一檔綠豆沙頗為出名，每天賣一大缸，因肯用較舊的陳皮。有一天，不知是阿聾的綠豆沙少放些糖，或食客有意挑剔，說阿聾的綠豆沙不甜，阿聾就把大缸綠豆沙倒去，當天不賣。有過這回事以後，阿聾的綠豆沙名滿順德。

北門靠近縣府，阿肥賣的一檔無角羊（狗肉別名）也食客如雲。阿肥有一句口頭禪：「見天賣天。」意思是今天賣完，明天或以後不賣，成為大良人盡知的。據說當時若路過阿肥「無角羊」的檔口，確也可觸到俗諺的「狗肉滾三滾，神仙企唔穩」的香氣。

割南海三都置順德

五百多年前，珠江三角洲為甚麼多了一個順德縣？原來是明朝正統末年，黃蕭養越獄作亂，至景泰元年（公元一四五〇年），殲之於大洲頭後，割南海縣之東涌、馬寧、西林三都之地置順德縣，以太艮為縣治所在地，其後還納入新會之白藤、鶴山、香山（即中山）一些地方歸順德縣管治。

順德境內，河汊縱橫，早在南宋年代，龍山、龍江兩鎮已經樹桑養蠶，成為富庶之區。過往俗諺有說：「兩龍不認順，九江不認南。」被問及貴邑何處？龍江人、龍山人只說龍山、龍江，而沒加上順德；九江人也不提南海（開錢莊的，順德人與南海人特多）。這可以說是優越心態之反映。

桑基魚塘富了順德

順德有樹桑養蠶的環境，加上人文薈萃，懂得繼往開來，大力發展桑基魚塘事業，成為三角洲最富庶的魚蠶之鄉。再進一步「棄田築塘」，是廣東省絲業中心。

神州大地，樹桑養蠶的地方不少，順德為甚可成為富庶一縣？

原來順德人樹桑養蠶，另有高招：把蠶的廢物及蠶蛹餵塘裏的魚；魚的排泄物下沉塘底，成為豐富的腐殖質塘泥；冬季水位下降，把塘泥挖出，用作桑地、蔗田或果園肥料。水與陸的產品，互相循環運用的結果：桑茂、蠶壯、魚肥。

聯合國糧農機構近年在順德調查發現，這種自然與人工相結合的生態，值得發展中國家研究和學習。

清暉園主龍廷槐

順德菜的根源在南、番、中、新，其後發展成為一個縣的菜，除了原有的精益求精外，還創造了若干新的，富有藝術價值的，與文、經發達脱不了關係。

乾隆時，藉丁憂回籍築「清暉園」（廣東四大名園之一）奉母之龍廷槐，及其做京官的後代，對順德飲食文化的發展，相信也有過不少貢獻。

沒有汽車、遊艇的年代，士大夫與豪門富戶，有錢又有閒，打發日子的方法，除詩酒琴棋外，就是徵歌逐色，惟都離不開飲啖。廣東全省絲業中心的順德，創一系鳳城菜，不過是文、經發達，再加上一個閒字而已。

順德魚生譽滿中外

據說順德人的魚的割烹，多達一百三十六品。豪門富戶弄全魚席宴客，搬到席上的，二三十品至為尋常。

順德魚生是遐邇聞名的食物。美國華僑社會，每年人日（農曆正月初七）撈魚生的很普遍。賣順德菜的，或非賣順德菜之菜館也賣魚生，一直賣到上元節，就因嗜此者不少。順德同鄉會初七固有撈魚生之會，番禺、花縣等僑社，人日也會召眾吃魚生。

順德魚生極重刀章，魚片固然要切薄，副作料也要切幼而均勻。鯇魚要不超過二斤的，且必放在清水塘養幾天。動過刀的魚，不再沾水，血污則用乾布抹，撈也有一定程序，且要同撈味道才均勻。

魚生也有生撈與濕撈之分。生撈是魚與所有撈料都要全生的。副作料有炸過的欖豉粒與炸米粉就是濕撈。吃魚生要是沒有「傷肝」的「華肝蛭」的威脅，真是千吃不厭的食品。

順德「媽姐」菜

難得品嚐

宋以後，天南地北之廚林高手很少廚娘。十九世紀開始直到二十世紀六十年代前，飛刀弄鏟的功架，可與鬚眉分庭抗禮的，就整個神州大地而言，惟「南蠻」順德的嬌嬈；廁身飲食行業的卻不多。

廚藝可與鬚眉共比高的「媽姐」嬌嬈，就是過往年代七十二行以外，並無工會組織的「媽姐」行業。

「媽姐」換取工資，所肯付出的勞力，是一個家庭的各種家務。但專司一個家庭廚政的「媽姐」，十九來自順德，且比來自其他地方的所得資薪較高。

弘揚順德飲食文化

煮飯做菜的順德「媽姐」，且曾扮演過弘揚順德飲食文化的傳播媒介，順德的割烹技藝，臻於多彩多姿，順德「媽姐」也有貢獻。

抗戰以前，廣州富戶、香港豪門，甚至中上人家，僱順德「媽姐」主廚政的佔絕大多數。

遠至星、馬之「南蠻」家庭，僱順德「媽姐」煮飯做菜，也非偶有所聞。

八十年代開始至一九八七年，古稀之年的順德「媽姐」，自星、馬退休，返原籍置業養天年的幾達百人。

試問近二百年來，順德「媽姐」替以百萬計的家庭煮飯做菜獲得好評及較好的待遇，算不算扮演過弘揚順德飲食文化的角色？

過往年代的順德「媽姐」，十九是「自梳女」或「不落家」之有夫之婦，有些來自「姑婆屋」中的姑婆。

女青年會還沒設烹飪班，專家名廚們沒設帳授徒的年代，姑婆們的割烹技藝，由於生長在講究飲食之順德社會，家常飲啖的製作，比諸近年來自菲律賓之「菲傭」好得多。至於對順德菜之多彩多姿也有過貢獻，就不得不細說從前。

「不落家」之有夫之婦

南海東涌等三都，早在置順德縣前，已有「自梳女」與「不落家」之婦女。中山與番禺也有，惟不若順德之多。所以特多，由於絲業發達，獨立謀生較易。這是有皇帝統治年代，「南蠻」的畸形風俗。

舊時社會的嬌嬈，婚前是蓄辮的，嫁作人婦才蓄髻。凡決心丫角終老，易辮為髻的，稱為「梳起」，且須經過與宣誓相等的儀式。凡父母反對的，則假廟宇舉行，由「姑婆屋」之姑婆們秘蜜安排與主持。經過「上頭」的儀式，就是終生不得親近男人之「自梳女」。

矢志不婚的，因迫於「父母之命，媒妁之言，三書六禮之聘」，而嫁作人婦。在家經過「出閣」的各種儀式，坐上大紅花轎，抬到夫家，經過踢轎門、拜祖等禮節，正式成「倫」。入夜進新房，卻堅拒新郎之「敦」。第三天「回門」（即返娘家）以後。除紅白二事外，不踏夫家之門。

不願為人婦之富家女，事前聲明不落家為夫家繼後香燈，則送給丈夫若干納妾所需。

「自梳女」不能居娘家

為人妾的，所生兒子，稱他親母為「阿姐」，不落家之大婦為「親娘」，故有「阿姐生仔大婆兒」這句話。

舊時社會，認為「女大不中留」，及笄之年，盡速找媒人對親。家中有了老處女，會「馱衰家」，丁財不利。

「梳起」或「不落家」之有夫之婦，不得再在母家居住，要到外邊自立謀生。富貴門第及世代顯宦之家，如廣東四大名園之一的清暉園龍姓主人，人多族大，「梳起」或「不落家」的不少，生活所需可仰賴家庭，卻不容她們留在家庭，特別在華蓋裏興建像香港分層出售，各有獨立門戶、廳、房、廚房的大廈，讓她們可結伴而分戶聚居。這就是大良最出名的「姑婆屋」。

「不落家」是婦運先進

南、番、香（即中山）三縣，為甚也有「梳起」與「不落家」之畸俗？聽說做媳婦艱難，一首很古老的民謠說：「……拍起枱頭鬧（罵）一番，三朝打爛三條夾木棍，四朝跪破四條裙。」可能是促成「梳起」與「不落家」的畸俗主因。

這樣說來，順德「梳起」嬌嬈與「不落家」之有夫之婦，未審可否視為反封建、爭自由的婦女運動先進？

十八世紀中葉以後，順德之「自梳女」與「不落家」之有夫之婦特多，由於多謀生機會。彼時絲業開始興盛，她們靠紡織、繅絲、採桑、執蠶等工作，換取所需。如非富有，則與金蘭姊妹租賃或合置物業同居。

常藉飛刀弄鑊自娛

同居於「姑婆屋」的姑婆，「洗手做羹湯」這宗事不可免。今天彩姐煮飯，明天燕姐做菜，彼此交流未「梳起」或「不落家」前飲食的見聞與經歷。日常生活，既沒異性的擾纏，工餘之暇，以飲食自娛，也就創製了不少可口美味的餚點。故順德菜之多彩多姿，不少是創自「姑婆屋」中姑婆的玉手。

到處是桑基與魚塘的順德，姑婆們要祭五臟廟時，吃魚最為方便。她們從桑基回「姑婆屋」，要是吃魚的話，先相米下水煮飯，然後到魚塘網魚，摘一塊鮮荷葉，再回到「姑婆屋」把荷葉與魚弄淨。其時鍋裏的米開始成飯，將荷葉包魚放在飯面上，蓋上鑊蓋，俟飯焗透，魚也剛熟，拿出來，荷葉不要，置魚碟上，加生抽、熟油而啖。

分秒必爭的「荷香魚」

以鮮嫩荷葉捲包未失魂的活魚，放在飯面上蒸熟，名之為「荷香魚」，魚肉鮮嫩，且有荷的清香；就製作過程說，是分秒必爭的。試問哪個地方，又哪一家菜館，可品嚐這樣的「荷香魚」？

據說「魚羹」、「魚腐」、「荷香冬瓜捲」、「炒水蛇絲」、「水蛇肉餅」也是「姑婆屋」的姑婆們創製。

「魚腐」是鯪魚肉剁成茸，加若干蛋清弄成，看來像白豆腐。細嫩幼滑與嫩豆腐無異，卻有魚的鮮。這些「魚腐」，還可加作料燜或炒。

「荷香冬瓜捲」是「有米懶煮」之盛夏佐膳菜；作料是冬瓜、鮮荷葉、火腿絲、雞絲、冬菇絲。先把冬瓜切成若干方塊薄片，把火腿絲等作料放在冬瓜上面捲成捲狀。兩片鮮荷葉剪成與蒸碟大小一樣，然後把碟蒸熱，置一片荷葉於碟上，放入冬瓜捲，上面蓋荷葉。隔水蒸熟後，拿去上面的荷葉，就是消暑解熱的「荷香冬瓜捲」。

菊花盛開時的「魚羹」

「魚羹」的做法是先將魚弄淨，在蒸器裏全尾蒸熟，取出拆肉備用。魚骨用來熬湯。副作料為炸香欖仁、馬蹄絲、木耳絲，與魚肉、魚湯燴成羹。菊花當造季節，摘下未盡開白菊花，取其瓣用鹽水洗過，放在魚羹裏拌勻然後吃，飲啖官能會觸到菊花的香。

順德「媽姐」菜，所以普受一般家庭歡迎，全因選料與割烹的基礎不是酒樓飯舖，而是人文薈萃的順德家庭日常的需要。以蒸魚為例，「姑婆屋」式蒸魚必先弄熱蒸器，如是瓷碟還放上葱度，讓蒸器當中有空罅，蒸氣可從中間滲入。魚脊骨還有百分之一或二未熟，則魚肉嫩滑，這是順德人要求的標準。其實也是近水吃水的「南蠻」，對魚鮮的割烹所要求的標準。

姑婆曾主酒家廚政

「媽姐」菜也有前後期之分，魚鮮的蒸法是前期的，所謂「捻手」的菜；如「荷香冬瓜捲」、「水蛇肉餅」等，有可能是後期的。

所謂後期，是做了「自梳女」或「不落家」的有夫之婦以後，與姑婆們共同生活於「姑婆屋」，交流了割烹技藝創出來。

港、穗兩地食肆，有過「媽姐」主廚政的。五十年代香港中環金龍酒家，二樓專賣鳳城菜，主廚政的就是「姑婆屋」的姑婆。

起初，姑婆們練就的刀鑊妙技，既「非以役人」，也無意「乃役於人」。如果「人造絲」這個名詞不在世間出現，姑婆們不會離鄉背井，甚至漂洋過海，以其妙技「乃役於人」的。

時已移，勢也易，港、穗、順德仍有「姑婆屋」，相信不會有新的「不落家」之有夫之婦或「自梳女」進出吧。「媽姐」做菜也逐漸成陳跡。

天字第一號

客家菜

奢食主義者天堂的香港，任何可稱為美食的佳餚美點，皆以作料是否罕有，或售價高昂為前提。製作巧奪天工的「燒賣」，給予飲啖官能記下的紀錄是香、鮮、爽、嫩，上面的一些蟹黃，若不是來自陽澄湖的大閘蟹，就不能稱為美點。又如客家人的美食家認為做得最好的「釀豆腐」，香港奢食主義者啖過以後，不一定會予以好評，由於作料不值錢。

近二十年，在中國香港及星、泰和太平洋彼岸之美、加，全有賣「釀豆腐」的菜館，惟弄得像楊公德昭、王甘良兄兩位「南蠻」客家，可百吃不厭的，飲啖官能還沒有新的紀錄。

慢工細活的「釀豆腐」

已仙逝之楊公德昭，為陳濟棠主粵政時駐南京辦事處主任。二十年來，每次在港有緣晤敍，少有不做東道，且吃必鮑、翅、乳豬之類。事前雖聲言只要吃「釀豆腐」，到頭來仍不見豆腐的蹤影。一次，酒酣耳熱後，德公說：「閣下要吃的『釀豆腐』，所以不能應命，一因拙荊西歸以後，家中少了可飛刀弄鏟之中饋，二來傭人年紀也不小，不想她過於辛勞，三來大清早要派人到沙田買豆腐，香港難找佳品，致無法應命……」楊公話未說完，心底唏噓者再！

王甘良兄之大少爺乃文，小時是天不怕地不怕的，最怕乃父弄「釀豆腐」宴客。闔家動員外，小孩也不許逃役：切葱鬚，剝葱衣。

試問，像楊公昭德、王甘良兄兩位「南蠻」客家弄的「釀豆腐」，太平洋兩岸，可有哪一個地方，哪家食肆供應？

「北菇燉元蹄」撲鼻香

「慢工出細活」的「釀豆腐」不是菜館做不來，而是工作太繁，又不能賣高價。客家第一名菜「北菇燉元蹄」，食肆如有此饌，客家人以外的老饕，肯花錢一啖的不少。但是立冬才摘下的頭菇，哪裏可得？如以東洋菇代替，沒撲鼻香的效果，就不是客家第一名菜了。

「聞香須下馬，知味且停車」，是過往大陸北方各地，高懸在門外，寫上「酒簾」二字布塊的酒舖門口常見的對聯；酒香是否溢出門外，要過其門才可分曉。「北菇燉元蹄」如果不是在深似海的侯門食堂的桌上亮相，而是在不廣不深的民居出現，揭開燉器的蓋，擔保過其門，即觸到使人「食指動矣」的菇香。

「北菇燉元蹄」的北菇，產自粵北各地，有頭菇、二菇、三菇及新菇之分。最好是新摘的頭菇；冬至前後摘的，是否比冬至的香，就非內行人所能了解了。春雷響後的冬菇，唇不內彎，也少香氣，名之為「香信」，而非冬菇了。古時有「行運冬菇，失運香信」的話，由於成長時天氣反常，收成時變了香信。

冒牌北菇充斥市場

最佳北菇的唇內彎且圓，外層色烏潤，內唇金黃色，紋幼身厚，這種出品不多，每擔只可選出四五斤。粵北所產冬菇有限，三南產量最豐。三南是定南、龍南、虔南。但三南冬菇南銷廣東及海外較多，此因北銷難賣得好價。北方的春天，很少所謂「回南」的天氣，同樣的新北菇，在北地做「清燉北菇」，發不出像廣州弄的清香。上元節後到夏秋季候，「清燉北菇」在廣州及香港，就屬「不時」之食了。

進入民國之後，東洋菇逐漸取得冬菇市場，有人在香港選些像北菇模樣的東洋菇，運到粵北冬菇的集散地，摻入若干北菇，改裝外銷。

「清燉北菇」原是「食在廣州」的名菜。其後大小食肆的菜譜，少見這個菜，就因冒牌的北菇多，真的愈來愈少。

新出頭菇是搶手貨

客家幾聚居之和平，也是北菇產地。清末民初，和平還有很多樟樹、錐樹①、栗樹，和平人靠培植冬菇維生的不少。秋後把樟、栗等樹幹斬下來，放在山中陰森冷濕的地方，不久就長出冬菇來。一直到冬至（陽曆十二月廿二日或廿三日）培菇的才入山。把可摘的冬菇摘下。焙至夠乾，選其中最佳者約廿斤，除留下數兩至半斤自奉外，盛之以布袋，日以繼夜地急行七百里，三天內到達廣州的一德路，向九八行求善價而售。九八行買賣手，全是識貨的，見到新北菇的頭菇，只要賣者開價，幾乎並不打話地就把它買下來。因預訂這些貨色的客戶多，買入十多廿斤的新頭菇，還不夠分配。除留下數兩至半斤以備團年及宴客外，全給預訂的客戶，也只各得數兩或半斤。把新北菇的頭菇賣去的和平人，即又買些必需的年貨，趕回家去團年。

「食在廣州」食風如何

以北菇一物言，也可推想「食在廣州」年代，食風是怎樣的。這種情形如同香港經濟起飛，

① 錐，南方核果之一種，形狀如小栗，以桂林出產者最佳，稱桂林錐。

盛行奢食以後，兩或三頭的日本網鮑，甚至二三十頭的禾麻或吉品鮑魚，運到香港以後很少在海味店出現，就因奢食主義者喜歡蔓存，以備後用。

當年交通不便，和平培植冬菇的，要把頭菇趕運廣州。一因新出頭菇是「時食」，二來歲暮前運達廣州，才可求善價而沽。人日（農曆正月初七）以後，同樣是新出頭菇，也就難賣最好價錢。

半世紀前，新歲前後，在和平較熱鬧之街道來去，常可觸到北菇的清香，就是有人正在享受「北菇燉元蹄」。同時用冬至摘下的頭菇做「清燉北菇」，總不及「北菇燉元蹄」的幽香而帶惹，蓋北菇碰上脂肪豐富的豬蹄，正如粵俗諺：「姣婆遇上脂粉客——相得益彰」。

「不時」作料難弄「時食」

為說明「北菇燉元蹄」是東江第一名菜，不得不旁徵博引。如今，這個第一名菜雖不一定成為絕品，要品嚐似不大容易了。原因是和平已少可培植冬菇的樟、栗等樹。和平人再無法藉培植冬菇換升斗。其次，東洋菇已控制過半冬菇市場。冬菇雖是看點常用作料，如做「時食」的「清燉北菇」，以「不時」的作料是難弄得稱意的美食。「清燉北菇」少在粵菜譜出現，蓋不欲以「不時」作料弄「時食」。

在中國香港、台灣和南洋各地區，及美、加的東江菜館，肯多花錢像楊公德昭、王甘良兄般「釀豆腐」是有的，但釀的作料如少了霉香的九棍或大烏鹹魚，就不是百吃不厭的客家「釀豆腐」了。原來濃鮮中帶惹味的「釀豆腐」，霉香鹹魚是它的靈魂。以客家人習慣的氣味而論，餡料少了霉香鹹魚，就不是客家「釀豆腐」了。

鹽滷豆腐何處可求

儘管作料正宗，做法傳統的客家「釀豆腐」，大概可稱為美食了，不過，要細說起來，也難免美中不足。豆腐在太平洋兩岸所見，依傳統方法凝結的很少。古老年代的豆腐，不但啖到豆蛋白的香，加其他物料配製，味道也滲入豆腐裏邊。四十年代以後，豆腐的凝結用「鹽滷」的逐漸減少，以石膏粉凝結的較多；後者要非煮成蜂窩，其他作料的鮮美味道不會滲進豆腐裏邊。飲啖功能，雖覺味美，卻缺嫩滑的享受。當年「太史豆腐」所以成為名菜，據說把板豆腐去皮，用鹽水浸過，然後晢極濃火腿汁慢火弄熟，故入口味鮮而嫩滑。

五十年代楊公德昭弄的「釀豆腐」，所以大清早從香港半山區派人到新界沙田買豆腐，就因賣豆腐的客家人仍遵古法，用「鹽滷」凝結。

「鹽焗雞」原是客家菜

「鹽滷」來自鹽倉。供應食鹽的方法改變了；少了鹽倉，也就少了「鹽滷」，故時下豆腐少用鹽滷凝結。微不足道的豆腐做法，古今有別，遑論其他。所以求正宗與傳統的，如今似不大容易了。

並非賣客家菜的，有時也供應正宗或古法「鹽焗雞」。自是另有不正宗及不依古法的，這且不談。就所知，「鹽焗雞」原是客家菜。

二十年代，已見興寧食肆賣「鹽焗雞」，爐鑊且放門外，把處理過的嫩雞，塞進已燒至相當高溫的鑊中鹽堆裏，焗約一支香的時間，雞已全熟，皮帶金黃的。那個年代的「鹽焗雞」，並未加上「東江」二字。其後興寧人到惠州開菜館，為與西江的有別，或其他原因，「鹽焗雞」上加「東江」二字，其後賣客家菜的，也稱東江菜館。

粗中有細的客家菜

民初北京有堂字招牌的食肆及「口上廚師」，都是代辦喜筵壽宴的。後者並不掛招牌，廚師住在自己家中，卻有辦法代辦數十至百席酒菜，一切作料由顧客自備，取值比堂字飯莊廉得多。廣州與香港也有包辦筵席的菜館。興寧稱為「便益」的食肆，既設堂食，也代辦酒菜。堂食的只供應油、鹽、醬、醋、爐鑊與割烹員工，顧客要吃甚麼，自己買備攜來，相等於古老年代的伙店。叫做「便益」，取意彼此方「便」，各得其「益」倒也頗為「文藝的地」①。客家人文風向盛，東江教育水平，一向為全粵最高的。

最堅強的中華民族

過往東江文、經中心在梅縣。興寧地方不算大，飲食文化已如此先進，當然有其所本。興寧位於江西南端東南，梅縣以西之梅江支流，客家人南徙「南蠻之域」，最早作「客」，其後而「家」焉的地方之一。

① 即文藝腔的意思。

興寧姓溫的發源於山西、河南，晉代五胡亂華時南徙；姓廖的原籍汝南，也是避五胡之亂而離鄉背井；姓吳的原籍四川，後漢時先徙江西南豐後遷興寧；姓曾的於北宋政和壬辰年（公元一一一二年），由江西南豐先徙福建，後遷東江；姓張的祖先是東晉散騎常侍，隨簡文帝南徙。可見「南蠻」客家先民，多徙自中原。

東江一帶，東起大埔，西邊的英德，北面的仁化、平遠，南遠的紫金，十四縣市可說是「南蠻」客人大本營。

客家人之團結、刻苦、耐勞與文明，全國認知是中華民族優秀品質的一部分。

崇先報本，啟裕後昆

一九一二年，在汕頭舉行的宗教會議，英教士報告客家人之歷史及現況，結論中說：「客家人確是中華民族最堅強的一系，由於徙遷經歷的苦難，養成他們愛族愛家的心態，及同仇敵愾的精神。以近代史看，反清以至反封建帝制，客家人的貢獻與犧牲也不少。」

「寒天飲冷水，點滴在心頭。」客家人由於重視譜牒，世世代代鮮有不知道他們來自何方及苦難的經歷，故心坎裏或多或少地存有寒天冷水的警惕。這可說是客家人團結刻苦的由來，原動力是「崇先報本，啟裕後昆」。

當年離鄉背井，作「客」他方的地區，多非交通方便的城鎮，及後居為「家」，物質的供應，甚至割烹的器皿，也不如城鎮。

實而不華的「三蛇羹」

開始作「客」，「三蛇羹」會敬而遠之，久而久之也與「南蠻」有同嗜。但客家人做的蛇羹，則比城鎮的簡樸，以「食療」言，效果則相同。把三蛇去皮弄淨，用水加白豆熬至三四小時，取出蛇與湯，豆不要，蛇則拆絲，另加雞絲與湯同燴，調味加芫即是。

客家人的割烹，雖頗傳統而簡樸，有時也甚是精細。需視時、地、人之不同而有所變。像極為普通的「釀豆腐」，也有精選作料，如剛剛劏未幾，肌肉仍顫動的豬肉，跟其他作料「慢工出細活」地釀製。

過往學而優則仕或商之客家人，食指如眾多的，雖僱廚師掌膳食，但窮極奢侈的吃，客家人是很少的，是否受了上代「粒粒皆辛苦」的訓誨，就非所知。

客家菜作料多「山珍」

客家菜的海鮮固少，即使是海味，價昂的如魚翅與鮑魚，甚至乾貝也不常見。這因由北南徙的地區，多靠近內陸，少近海洋（近大亞灣的佔少數），故餚點作料以「山珍」較多。如清初自廣東徙四川九縣之客家人，客而家於川東梁山的，野味特多。梁山多山，四足動物出沒最多，獵獸物吃不完的，就滷之作下一頓吃。以老虎內臟製滷味，只「川客」有此口福，未聞「廣客」也有老虎滷味。成都滷水鴨很出名，氣味頗近「南蠻」的，是否「粵客」帶去的做法？北京最著名的「月盛齋」滷水食品所蘊的香鮮，似遜於成都的。川菜也有「梅菜扣肉」，是否「粵客」的「移食」？「海錯」則少。過往常見客家人宴客的十大菜，主要葷料是雞、牛（其實也不常有，農村社會的牛，老至不能耕作，才是人們五臟的祭品）、豬、鴨；海味是魷魚、海參、鯊魚乾等。

十大菜必有「炒魷魚」

「近水吃水」的如寧波人、香港人，甚至居住在加州之炎黃子孫，鮮魷都可常吃，視被列為海味的魷魚就不大有興趣，自從發現魷魚含膽固醇奇高，敬而遠之的更多；但是「靠山吃山」的，多以為珍饈。東江客家菜的十大菜，必不缺「炒魷魚」。

「炒魷魚」的做法，魷魚的處理非捲則絲，味則鹹、甜、酸、辣兼而有之，卻又不酸、不鹹、不甜、不辣，予人們的飲啖官能以「和味」的享受。所用副作料是鹹菜莖、蘿蔔、蒜白、薑，並非全爽的，因火候處理不一樣，妙在與主料的魷魚，同有「爽口」的效果。

舊日北京滿洲王公廚師經營的「沙鍋居」，一頭豬可弄百數十品菜式，客家人以豬為主要作料的菜，也有數十種，這與豬在農村社會供應充足有關。「炒豬肚蒂」、「炒大腸頭」與又稱為「假燒鵝」之「炸豬大腸」、「大蒜燜豬肉」、「馬蹄白果煲乾豬肚湯」、「梅菜燉扣肉」，全是客家菜。

粗中有細的客家菜

「豬雜燴海參」也是十大菜之一。副作料是冬菇、冬筍、馬蹄、紅棗、豬肝、粉腸、豬心。其中豬肝的做法，一若中醫處方的「後下」。先把主副作料弄到夠火候，上席之前數分鐘，才把已切成薄片之豬肝。以幼竹條串起，放在燴海參的鍋裏弄至僅熟，拿去竹條，豬肝與其他作料拌勻，然後原汁上席。

過往東江地區的割烹設備。談不上甚麼現代化，割烹也多遵古法。又因作料供應所限，菜式不太多，「釀豆腐」、「炒魷魚」、「豬雜燴海參」，原是很尋常的菜式，若依上述作料與烹製方法言，卻不尋常，則客家菜或東江菜是否粗濫？

下酒佳品「五更上水」

惠屬龍崗人，有一道下酒物叫做「五更上水」。「五更」是時，「五更三點皇登殿」的「五更」。「上水」又是甚麼東西？香港新界有一個地方叫做「上水」，難道是「上水」的甚麼特產？

原來往時農業社會的屠戶，屠豬的時間不早不夜，在凌晨五時才開殺戒。到天亮前，要把豬肉在墟市亮相，上半天就把豬肉賣光。沒冷藏設備的年代，又逢盛夏，如不賣光，與血本有關。

豬的內臟，一般稱之為「雜水」，又有上、下雜之分：腰、肝是上水，腸、肺是下水，上水售價比下水昂。「五更上水」是強調上水夠新鮮：「五更」劏的，又未經水浸過的「上水」——豬腰與豬肝。

「五更上水」的做法是將上水及枚肉頂①切薄片，以碟盛之備用。

燒着炭爐，上置盛半鍋水的鍋，加進薑葱絲，水滾後放入「上水」泡至僅熟，吃時蘸鹽油。吃片「上水」，喝一口酒，是太白同志的極好享受。

太空世紀的屠宰業，除窮鄉僻壤外，由於衞生關係，全由政府經營，「上水」到處可購得，即使「五更」屠的，因經過消毒程序，送進嘴巴裏邊，全沒「五更」的氣味了。

京官愛吃龍川豆腐

東江十四縣市，是「南蠻」客家大本營，各地都有出名的菜式，如梅縣的「臘豬膶」，和平的「紅燒冬筍」，龍門的「炒米粉」，龍川的「釀豆腐」。

和平的冬筍所以出名，因既鮮嫩卻沒有渣滓。龍門米粉名滿「南蠻」各地及南洋地區，全因爽、滑、嫩，帶韌而不易斷，據説每斤米加上一碗冷飯同磨，致有此效果。「炒龍門粉」成為美食，是一邊炒，一邊灑些混了糯米酒的老抽，比別的炒米粉夠香，是由於用酒炒，但卻啖不出酒的氣味。

惠州梅菜是清代貢品，以距惠州三十里之横壢出名，短度闊封，莖與莖之間再不出槎芽。

清代南來主考的官員，凡經龍川的，甚至在東江其他地方，都設法到龍川去吃一頓「釀豆腐」。

① 枚肉，指豬臀、腿肉較瘦及幼滑的部分，枚肉頂即枚肉端部。

原來龍川的「釀豆腐」所以名聞至京官，自是作料精選精製，沒啖過的，難道出其然和所以然。就所知，釀好以後盛在有時蔬墊底的瓦罐裏，加入用七隻雞熬成的雞汁，蓋上鑊蓋，慢火弄熟，就是鮮、香、惹、軟、嫩、滑兼而有之的「釀豆腐」。

咸豐早年到過連平

東江客家人最多的十四縣市，文、經最發達的，過去是梅縣，但最講究的客家菜，卻是連平。

客家菜為甚麼以連平最講究，則因有連平人在清代做過大官。此君就是顏檢，字惺甫，乾隆時拔貢，先後做過多次京官，兩任直隸總督。據說咸豐皇帝做儲君時，曾隨顏檢返連平，住在顏家。每早起牀後，顏檢親自捧面盆給這位儲君洗臉。侍奉顏檢的小婢，大不以為然。有一天早上，小婢對顏檢說：「老爺為甚麼要親自捧面盆給這位少爺洗臉，難道他是皇帝？」顏檢誤以為小婢知道這孩子的來歷，怕外間知道，則儲君有甚麼三長兩短，不僅顏檢的人頭落地，還誅及九族，就一聲不響，一個掃堂腿，把小婢踢死。

連平客家菜最精美

在清朝做一輩子官，因事被充過軍，連烏魯木齊也到過的顏檢，自是見聞廣博，飲啖官能也有數不盡的山珍海錯的記錄，則日常在總督府打點總督飲食及宴客的廚師，雖沒如今有一級或特級的銜頭，但割烹的能耐，不會比御廚差到哪裏去。這樣說來，顏總督的客家菜，糅集了各省割烹之長不少。故在晚清時代，「南蠻」客家人的客家菜，要做得精美，須大力向連平籍的總督廚師學習。像可與香港奢食主義者奢食割烹爭短長的龍川「釀豆腐」，有可能學習自顏總督的廚師。至於「閩客」、「川客」之精美家常菜，會否受到連平的影響，則無從得知。

民國以後，東江各地之酒樓飯舖，由連平廚師主政者不少。其中一廚師，既未當過兵，連《步兵操典》也沒過目，在二十年代，竟當起團級司令官。

廚師當上「矮瓜司令」

當團級司令之廚師，也有他的秘密武器：一雙鐵條。

原來過往客家人的廚具，必有一雙約尺半長的鐵條，客家牛肉丸，爽而帶脆，就靠一雙鐵條弄出來。廚師當起司令官的故事是這樣的：

帶兵又從政之陳烱明，當上廣東省省長後，某次返海豐故鄉，一夕在西湖之百花洲吃飯，廚師給他弄一個「釀矮瓜」，啖得齒頰留芬，為前所未嚐的美食。自是而後，陳每到惠州，必在百花洲吃「釀矮瓜」。其時有槍又有印之陳烱明，為對這位廚師表謝意，及方便吃「釀矮瓜」，於是由「上士文書」寫個團級司令委任狀，他蓋上印章，令「勤座」送給廚師，及每月又送給團級「公注」。有司令銜頭的廚師，既不必帶兵，也無須上陣。知其事者，稱這位廚師為「矮瓜司令」。

陳烱明這一舉措，正符合興寧稱為「便益」的伙店的原則：彼此方「便」，各受其「益」。陳烱明不用掏腰包，廚師則實受其惠。

陳烱明激賞之「釀矮瓜」，肉餡主料，是剛屠未幾，還有顫動的瘦肉而帶肥的豬肉，以一雙鐵條，掊至成茸狀，才加其他副作料釀的。

一九八七年五月下旬，我到惠州擬考證此事，適潦水淹西湖，水未盡退，沒法打聽。

雷州 海峽兩岸飲食

香港新界的西貢，有賣「竹筒燒鯇魚」的食肆。用圓徑約三寸，逾尺長還帶綠的，一頭有節的竹筒，以刀削開數瓣至節處，放入一尾經過處理的鯇魚，置在特製的炭爐上面燒至熟。據説這是泰國的烤魚法。

《大成》雜誌一四六期，作者龍門人講四十年代前後，成都的「姑姑筵」也有「青筒魚」一道菜，做法同香港的差不多。

該地知名度頗高的人物，一次吃過「青筒魚」，認為是前所未嚐的美食，因問老闆又是廚林高手的黃敬臨：「菜譜沒有這道菜，作料也不見筍，為甚有筍的清香？」

黃老闆回答説：「這是我的一位在清朝光祿寺當過差的親戚，告訴我這個菜名和做法。試做過幾次，才把火候掌穩，燒老了帶焦，嫩了又不香，真有點考手藝。」

竹筒燒飯古已有之

香港的做法學自泰國，成都的做法源出清宮，同是把竹作烹具弄熟食物。「南蠻」以竹代烹具，古已有之。海南島五指山黎族的列祖列宗，就用竹筒燒既香而又鮮的有味飯。

黎區竹筒飯，用的是粉竹或野竹，鋸成一頭有節的竹筒，把五指山野生的，含有像白蘭花般幽香的糯米故入竹筒中，加適量的水，然後以鮮蕉葉密封沒節的一端，生火把綠竹燒至竹皮變焦炭色即成。

黎人以竹筒作烹、煮、燒香米飯始自何年，這要史學家才可解答。但狩獵是古代瓊中五指山黎人生活的一部分，且多作團獵。獵而採團的方法，一是人多勢大，獵獲物較多；二是安全。一若川、陝人在秦嶺打獵，也是三五成羣。如遇速度極快而又兇狠的豹，獵者舉槍，還沒對準目的物，牠已飛撲到擎槍者身上來。通常情形是持槍者前，必跖着持三叉之獵人，豹向開槍者飛撲，先是過不了持三叉者一關，然後中槍。

黎人團獵，為增厚實力，還聯同鄰村壯漢一起入山。行前且推舉一名黎語叫做「俄巴」的作總指揮，團獵時煮食的烹具就是斬下野竹弄成竹筒。獵獲物如有山雉、野豬或黃麂等，弄淨後與米同放進竹裏燒烤。由此足證，以竹筒弄熟食物，「南蠻」古已有之。

瓊中五指山多野味

古稱珠厓(郡在大海崖岸之邊，出珍珠故名)的海南島，物產是很豐饒的，山南以至海北，不少可口味美的食物，僅瓊中五指山的山珍野味，多到不可勝數，四足動物的狸，就有十多種，其中日貍的鮮血，混酒同飲可治貧血等症。龜、鱉、蛇、鳥也不少。還有河鰻變種的，常下山偷吃農人家禽的「食雞魚」。若集五指山中的山珍野味弄兩席不同的山珍味席，應不會有問題。

海南島的飲食，為外間所熟知的，不過是熱帶產品，如椰子、咖啡及海味等，時鮮與野味因受交通限制，輸出不多。三十年代前後，香港灣仔已有海南人經營的食肆，賣的多是南洋州府的食品，如咖喱、參乜、沙爹小食品，其中的海南雞飯倒是海南口味。海南咖喱同馬來、印、緬等也有不同。

四面皆海的海南島及海峽彼岸高欽等地方的人們，喜愛的海上鮮是「第一鯧，第二魟，第三馬家郎（即馬鮫）」，同香港人偏嗜的石斑、黃腳鱲」等不一樣。原來瓊州海峽的鯧、魟、馬鮫含豐富而甘腴的脂肪，慢火煎之不焦。至於文昌雞為外間發現是骨軟、肉嫩、味鮮的美食，還要提宋子文於一九三五年返文昌尋根之事。宋啖過文昌雞，視為前所未嘗的美食，其後乘軍機飛往廣州，還帶若干隻回去分贈顯貴，文昌雞之名方始在廣州食壇流傳。

為吃燒豬橫渡海峽

文昌雞的產量不多，據説是三十年代之文昌人毓培，在農家收購約一斤左右之子雞，飼予特殊食料，養至二斤左右始出售。如今遊文昌的，固可品嚐文昌雞，卻不一定是正宗的。

燒豬或燒乳豬，為「南蠻」各地皆有的食品，惟海口附近福山的，卻名聞瓊州海峽兩岸。

原來福山的燒豬有小至二三斤，大至逾半擔，無論大的小的，豬皮燒得一樣酥化。割一片逾半擔重燒豬的豬皮約二方寸，隨意地跌在硬地上，會化為大小不同的碎片。所以往時海口對面的徐聞海安人，為吃一頓燒豬而橫渡並不太闊的瓊州海峽到海口，轉車去福山吃燒豬，並非偶有所見。乳豬的皮，燒得粵諺所謂「脆夾化」（酥脆而鬆化）的，惟四五十斤的大燒豬的豬皮燒得「脆夾化」，以老拙飲啖官能的經歷言，惟福山燒豬。

瓊州海峽兩岸的豬的肉質，確比其他地方鮮美。半世紀前後，各地運銷香港的豬隻，來自廣州灣的，售價比其他來途的高。當年如用廣州灣豬的「不見天」①煲西洋菜湯，煲法如得其方的話，煲過湯的「不見天」蘸老抽吃，一樣甘腴可口。

半世紀以前，有孟嘗君美譽之廣州灣富豪陳學談，每宴客必有梳仔翅與燒乳豬，啖過的賓客，鮮有不激賞的。前者是翅身軟滑的東西沙羣島的裙翅，後者肉質鮮嫩而皮酥化。

煙墩魚翅佳品較多

所謂廣州灣豬，不過從廣州灣海運輸出，來源卻是高茂等地。肉質所以鮮美，則因為高茂等地的人們，習慣吃隔水蒸熟的飯，蒸過飯的水，稱之為「米羹」，含有多種維生素的，吃不完的「米羹」加進其他作料，煮成豬吃的飼料。養分充足的豬，肌理組織與味道，當比營養差的不同。過去新界元朗豬較沙田豬受港人歡迎，全因元朗豬的飼料有港九餿水同煮。

瓊州海峽兩岸的山珍海錯不少，可作餚饌作料的，細數起來不少過潮州、鳳城兩系菜，甚或過之。還有膾炙人口的嘉積鴨等特產和各種熱帶瓜果蔬菜。

粵南海片線不短，海產亦不比海南島少。就魚翅說，仍以海南文昌白延區煙墩的質素好。煙墩是漁區，漁民經常到東西沙羣島作業，漁獲物不少羣翅。粵南雪白的黃花膠，硇洲的鮑魚，吳川紙寮的膏蟹，儒洞的銀鈎蝦米、大地魚，北海的沙蟲，鑒江的鱸魚和雪白的沙螺（膏綠色，味極甘腴，內有寄生小蟹），也鮮美適口。上面所述，只是信手拈來的一部分。

陽江與羅定豆豉，是馳名遠近的調味品。沙朗老鼠尾醬油，更是醬油中頂品。

瓊州海峽兩岸，山南海北的海產野味，過往少輸出，尤其時鮮，是受了交通限制。如今空運發達，台灣每年輸出數億美元的養鱔，空運至日本、美國，放在魚池裏仍是活生生的，瓊州距香港不遠，如集中兩岸山珍海錯運港，創製第五系「南蠻」菜並不困難。多變而又勇於創新之香港飲食業，說不定在不久未來會使講究飲啖的香港人，可以品嚐「南蠻」菜第五系的瓊州海峽菜。

① 豬的胸腔肉。

海南名菜「東坡肉」

一國一族一地之飲食文化是否發達，物以外，文、經、政都有關係。以「蠻荒絕域」之順德縣言，面積不大，「山珍」固少，「海錯」不多，但順德菜的割烹，竟能出類拔萃，成為「南蠻」菜四系之一，文化與經濟的支持是很大的。

乾隆年間，揚州餚點名滿天下，文、經以外，還有政的關係。如果清室不爭取漢人對滿族統治的「認同」而重建揚州，鹽商河督大搞飲食藝術，而替清室點綴四海昇平、國泰民安的景象，則揚州飲食的精美，不一定可名聞天下。

中國夏威夷的「天涯海角」

「南蠻」之域最南端之海南島，古時是「蠻」的天下。公元前二一四年，秦始皇征服百越後置三個郡治，其中之一的象郡，海南島就包括在裏邊。公元前一一一年，才有極少數漢人移居海南島，也只集中在海口。到南宋時，移居海南島的漢人較多。

曾稱「南海明珠」之海南島，如以人喻，是「歷劫滄桑一美人」。今要建省，儘管要大力發展「無煙工業」（旅遊），但也得有一系海南菜配合。以海南的風景文物來説，是值得一遊的勝地。近人曾以「中國夏威夷」喻海南島。其實，海南島早在一個世紀前，已是頗有名氣的「無煙工廠」，因政、經等關係，沒有擴大生產——招徠更多遊客而已。

陸產千名，海產萬類

海南島是陸產超千名，海錯逾萬類的一塊土地，要創一系割烹「超越」的新一系「南蠻」菜，可説輕而易舉，只要為政者能善於運用騎牛老子的「治大國如烹小鮮」的話。

海南美食之「海南雞飯」，十九世紀已名聞南洋州府。二十世紀三十年代前後，香港已出現賣南洋食品的食肆，賣的是「海南咖喱」、「海南雞飯」、「森乜蝦」、「沙爹牛肉」等，經營的是姓林的海南人。

新加坡還在英國管治的年代，「海南雞飯」已是普受歡迎的食品，挑擔專賣「海南雞飯」的不少。涼風習習的晚上，穿涼鞋，着黑膠綢褲，沒有褲帶，只打褲頭結，腰掛一串鑰匙，穿短袖白線衫，踎在賣「海南雞飯」挑擔旁的食客，隨時會發現哪一位是潮州或福建籍的家財百萬的富翁，可見「海南雞飯」確是美食。

海南飲食源遠流長

新加坡是多民族集中的地方，印度的、馬來的、緬甸的等咖喱食品，百數十種；奇辣的，連嗜辣的川、湘人也會敬而遠之的食物多得很。在牛車水吃一個月也不能遍吃。「海南咖喱」的辣，卻能突出中國的中和哲學，不太辣而又富椰雨蕉風的椰雨鄉之氣息。

上文老拙曾建議勇於創新之香港飲食業，創第五系的「南蠻」的瓊州菜，由於瓊州海峽兩岸的山珍海錯極多。今海南建省，要創一系精美之海南菜，物質毫無困難，復有源遠流長的一注飲食文化本錢。

在中國的近代史裏邊，尤其推翻五千年封建帝制，海南人該佔不少篇幅的。

官邸藏革命宣傳品

瓊崖綏靖公署督辦陳世華，一九一四年奉袁世凱命，逮殺林文英。林是追隨孫總理，在南洋各州府，宣傳孫文主義之同盟會會員，更是海南第一份中文報《瓊島日報》之主持人。所以被殺，是反帝文章惹禍。林文英出生於泰國。原籍海南文昌。

革命黨的同盟會會員，在南洋各州府宣傳革命的刊物或傳單，以新加坡為集散中心。海南人中即使沒有直接參加革命黨，做了革命黨「傳播媒介」的不少。原來海南人，不少在新加坡英國軍政高官官邸服務，如廚師、打雜或園丁，替同鄉之革命黨員保管一些宣傳革命的刊物，清政府駐新之特務，或保皇黨分子，明知其事也奈何不得。即使向治安機構告密，偵探與警察也不便向督轅等官邸搜查。

海南人的革命勇氣

海南人竟有「革」五千年封建帝制的「命」的勇氣，也有其所本，這要翻海南人的歷史了。京劇的《五彩輿》的主角是海瑞，福建高甲戲《海瑞回番書》、章回小說《海公大紅袍》及其他文藝作品，都是海瑞「蓋棺論定」後出現的。海瑞是海南瓊山人，生於明正德九年（公元一五一四年）。到四十一歲才中舉人，五十二歲才任京官。

宋代已講究色、香、味

海瑞四歲喪父，母教甚嚴。一生反對貪污奢侈，主張節儉樸實，又能言行一致，七十四歲死在南京，遺物只得十多兩銀，喪事也是同僚替他料理。老百姓獲知海瑞死訊，罷市數日悼念他。海南人提及海瑞，就會肅然起敬！且以有海瑞這麼一個同鄉為榮。海瑞的過往及以後，對海南的文化，都有很深遠的影響。所以會被殺頭的革命，海南人也敢去碰，並非無因。

自唐開始，「南蠻之域」是被貶謫官員流放的，十去九不還，既「荒」又「蠻」的所在。直到抗戰發生前，北方人視「南蠻」的文化極為落後，尤其飲食文化。究其實，海南的飲食文化，比神州若干地方發達，宋代已講究做菜的色、香、味了。

海南「東坡肉」是正宗

任何「南蠻」菜館如賣「東坡肉」，北方人就說是江南菜或杭州菜，並非「南蠻」菜。其實「南蠻」菜館賣的「東坡肉」，遠比若干地方正宗。蘇東坡不僅在江南做過官，也在河南、湖北、「南蠻」之惠州及瓊州做過官。「無肉令人瘦，無竹令人俗」之吃豬老饕蘇東坡，宴客時有他自己認為割烹精美之「東坡肉」至為尋常。嘉賓「食而甘之」，向主人請教如何割烹，也不是沒有可能。於是正宗的「東坡肉」製法，也在蘇東坡做過官的地方留下來。

四川出生之大文豪蘇東坡，從宋神宗元豐七年（公元一〇八四年）離開黃州，到宋哲宗紹聖元年（公元一〇九四年），除在首都開封做過中書舍人等高官外，先後在杭州、潁州、定州、英州、惠州等地做過地方官。紹聖四年（公元一〇九七年），再被貶到更荒蠻的瓊州去做通判。

五日吃肉，十日吃雞

初到瓊州，蘇東坡還有官舍可居，後為政敵所知，把他趕出官舍。幸而蘇東坡是個好官，老百姓肯對他支持，後來連蓋草房也自動給他幫忙。蘇東坡既能與百姓打成一片，則「東坡肉」割烹的「秘笈」，當然會與老百姓分享。從儋州的「東坡書院」及遺留下來的文物古跡看，蘇東坡對海南文化的發展，是有很大的貢獻，包括飲食文化。他的《聞子由瘦》（他的弟弟蘇轍）詩，開頭就說：「五日一見花豬肉，十日一遍黃雞粥。」

一〇九七年的海南儋州，並未脫下「蠻荒絕域」的美譽，愛吃豬肉的老饕東坡居士，五日還可吃一次豬肉，十日吃一次黃雞。所謂「花豬肉」，不會是把豬肉雕花，像今日超越社會，凡餚皆「工」，無饌不「藝」的「藝術割烹」，而是五花腩肉，彼時儋耳可能有墟期，五日一次。

東坡學「南蠻」煲雞粥

愛吃豬肉的蘇東坡，逢五墟日買豬。肉不會只買那天吃的，必多買若干，且當天把它弄熟，做「東坡肉」，或放進滷水盆裏。如是後腿肉，且做白煮，做故鄉的「回鍋肉」，尚待考證。沒冷藏設備的年代，海南是熱帶天氣，當天不把多買的豬肉弄熟，轉天就變質變味。

五日可一見豬肉，十日吃一次雞，也不算太難為蘇東坡這個老饕了。二十世紀的超越社會，有些地區不一定五日可吃一次肉，十日可殺一隻雞的。以雞煲粥，「南蠻」以外的地區不多見。雞粥是又比豬、牛粥高一級的粥品。「蠻荒絕域」的日常飲食，有豬又有雞，比諸當年天府之國的四川，或有所不如，倒也算不錯了。

把中原文化傳「南蠻」

北宋一代文豪之蘇東坡，因同當權派的政見不合，被貶到惠州，政敵還嫌「蠻」得不夠絕，最後還把他貶到人跡更少的海南島儋州。就東坡個人言，是苦不堪言的遭遇，卻能不忘讀書人承先啟後的本分：設帳授徒，把中原文化在「蠻荒絕域」弘揚。如今儋縣的中和鎮之「東坡書院」，就是東坡居士當年講學與社交之舊地。

當地黎、苗等族及漢人，莫不高興有文林高手教他們的兒子讀書做人，「愛兒識字敬先生」是免不了的一回事。又知道老師愛吃豬肉，逢年過節給老師的節敬年敬，豬肉不會沒有。家長與老師之間，往還既多，則老師的美食「東坡肉」烹調的訣竅也就公開了。嘴饞的老師，自然也學會些「蠻烹」。所以說，海南的「東坡肉」也算正宗。

東坡可能吃過「蜜唧」

在舊籍中發現，東坡在海南，由於環境關係，比官杭州時更得民心。儋耳紀念東坡遺留的文物之多，杭州是難與比擬的。江南人如到儋耳的中和鎮，看過有關東坡居士的文物，不會否認海南的「東坡肉」不是正宗。

東坡的《聞子由瘦》詩，第三、四句：「舊聞蜜唧嘗嘔吐，稍近蝦蟆緣習俗。」雖沒說已吃過「蜜唧」，但是參加當地的宴會，主人以「南蠻」美食，其中有「蜜唧」款待老師，如果東坡不是講究飲食，連濾酒也是自己動手的饞嘴，必敬而遠之。為了「緣習俗」的禮貌，東坡居士會以拼死吃河豚的勇氣品嚐「蜜唧」。

據《朝野僉載》中說，唐代大文豪韓愈，被貶至潮州，也吃過「蜜唧」。

「玉糝羹」色、香、味奇絕

「南蠻」的「蜜唧」，是捕獲懷了胎的母鼠，飼之以蜜，及產下乳鼠，眼睛還沒睜開，放諸盆中，以箸夾之置菜葉上，捲而啖之，同嘴巴裏邊的觸壓覺接觸，還發出「唧唧」之聲，故名之為「蜜唧」。

東坡居士的「穉仔」蘇過，有他老子的遺傳，伴乃父居儋耳時，創製「玉糝羹」這個新菜，他的老子啖而甘之，還做了一首詩：「香似龍涎仍釅白，味如牛乳更全清。莫將北海金齏鱠，輕比東坡玉糝羹。」詩題中說：「過子忽出新意，以山芋作玉羹，色、香、味皆奇絕。天上酥陀，則不可知，人間絕無此味也。」以芋製饌，「南蠻」菜不少，白芋的香氣遜於檳榔芋，芋頭燜鴨會用五香料。芋羹的香，則來自爆香的蝦醬。「色、香、味皆奇絕」的「玉糝羹」，是野芋的氣味突出，抑其他香料？海南倒多產香料。臻於奇絕的色、香、味，大概烹飪家會找出答案。

應有蕉風椰雨氣息

稍翻古籍，只蘇東坡被貶至海南以後的飲食片斷，已可反映宋代「南蠻」最南端，飲食文化的一些風貌，不特不比二十世紀「超越」社會若干地區落後，還可稱為先進。

改為省之海南島，要弄一系代表海南飲食文化的海南菜，不會有甚麼問題。一是飲食文化的根源不淺；二是多山珍海錯，甚至土特產也不少，有用不盡做餚饌的作料；三是割烹保持優良的傳統與風格。堅持精益求精的原則，不放棄餚饌的靈魂是氣味，營養與衛生現代化，做「務實」的耕耘，不出三五年，便成為遠近馳名，新的一系「南蠻」菜。

話又得說回來，如果學習大陸的，以形與色的突出，就以為是「割烹藝術」，把「海南雞飯」弄到沒有蕉風椰雨的氣息，逾百斤生豬做成的燒豬，豬皮的酥脆，一若三五斤的乳豬，就不是傳統的海南割烹了。

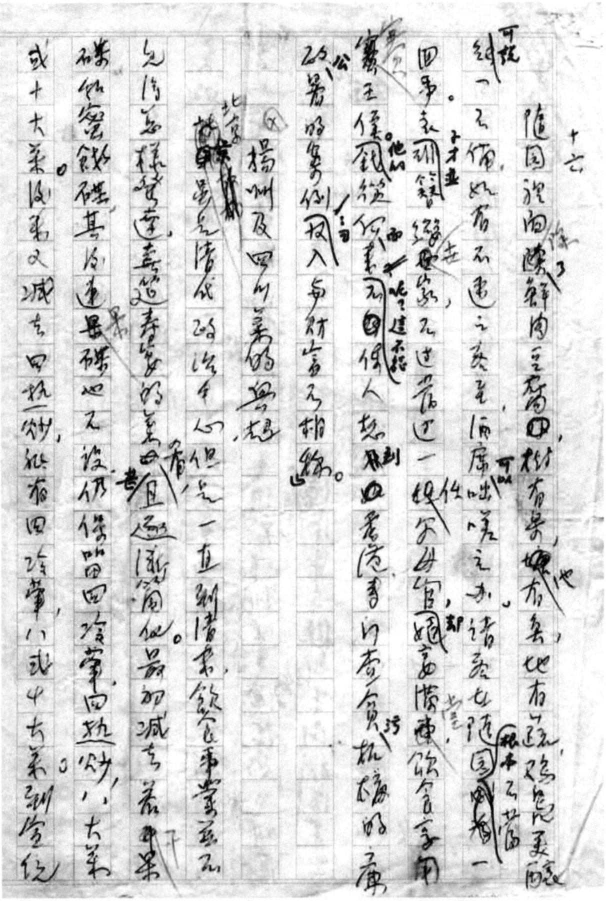

▶ 陳夢因手稿。

粵菜溯源錄

肆：粵廚點滴

「南蠻」飲食業瑰寶

香港經濟起飛於七十年代，飲食業之發展也攀登高峰。有連續兩個月每天在港九食肆飲啖一次，用不着自己付賬的，所知惟望之不過花甲，高齡已八十晉三之李堃先生。

堃叔説過：「離開老行業，初不料仍須常結領帶外出，衣袋且備不同花色各一條，因同一天遇到紅白二事，並非偶然。退休後不住在生活已逾半個世紀的香港，卻到美國做老華僑，不過是為了無須常結領帶外出的生活。」

紅是喜事，白是喪事，從這一點看，可以推想堃叔在香港的人際關係怎樣了。

廚林高手多有諢號

「食在廣州」年代，香港飲食業有了工會，也有生活社的組織以後。飲食行業中人多有諢號。如堃叔同鄉之黎福，諢號「柱侯福」；陳榮諢號「津仔榮」；吳甜諢號「大隻甜」；吳鑾諢號「鬍鬚鑾」；鍾鎏諢號「駝背鎏」；精雕「滿漢」擺桌的五瑞獸之謝流諢號「大鄉里」；善製像生時果之李應諢號「豆皮應」；在金龍主政之梁瑞，諢號「豆皮瑞」；乃弟梁熾，在建國酒家主理燒滷，諢號「油雞熾」；在灣仔開義興包辦館之梁蝦，諢號「酒筲箕」。堃叔十二歲開始從事飲食行業，可算紅褲（等於京劇科班）出身。很年輕已大露頭角，個子不高，又屬「智多星」之流，「南蠻」視個子小的孩子為豆窿（形容其小也），堃叔獲「豆窿」諢號，倒頗貼切。至云堃叔為「智多星」，又何所見？

試舉二事。

一，戰前香港大道中金城酒家，忽而要賣鳳城菜，聘有「齋王」之稱的順德人李君白自穗來港主持，李已收了聘金，請教堃叔可不可為？堃叔因問「齋王」：「有其他拍檔否？」李說只他一人。堃叔提議把聘金退回。「齋王」不欲言而無信。仍到金城上班。到第三天，再訪堃叔，說要退回聘金。堃叔則認為不可。其理由是：上工已三天，金城還在報上刊出鳳城廚林三傑主持的廣告，就此不幹，則屬「棚尾拉箱」，嗣後不易在行內立足。堃叔初時所以要提議「齋王」退聘，因單手獨拳，不能兼顧案板、候鑊等工作，同廚房原來各個崗位人物又素無往還，故主張退聘。今則米已成飯，不幹即屬上海話之「拆爛烏」①，故不同意「齋王」不幹。另方面即替「齋王」在金城弄好人際關係。自是而後，「齋王」凡有遲疑未決的事，都向堃叔請教。

① 流氓的無恥手段。

二，陳濟棠主粵政時，廣州大三元要擴展，號召在香港的舊人返穗歸隊，堃叔即其中之一，以總管名義主理營業部。時值秋盡冬初，正是吃臘味季節，堃叔偶有所感，寫順口溜三字經式廣告：「北風起，食臘味，大三元，最考起。」倒像吃傳播飯者的功夫。

由「巾雜」跳升為部長

酒家分為兩個部門，出品與營業。「南蠻」大菜館分工較細，出品部又分為水台、下雜、上雜、扣燉、打荷、案板、候鑊，而以後二者為靈魂。有茶市的另設點心部門，燒滷成為一個部門，似是民國十年（公元一九二一年）前後開始。

大概是三十年代前後，堃叔服務於德輔道中之新紀元酒家三樓做「巾雜」（等於美國之「企枱」）。東主是九江人陳敬恩，發現堃叔不是小嘍囉的材料，要提升為五樓部長，同堃叔頂頭上司商量，三方同意後，堃叔即跳升為五樓部長，兼管點心部門。當時酒樓慣例，多是一身二職，如做伙頭兼劏雞即是。

堃叔當年在新紀元做「巾雜」時，已是廣州一食肆經理，因故來港做「巾雜」，是暫作棲身之計，東主倒慧眼識英雄，做「巾雜」委屈了堃叔的才能。自是而後，堃叔揸算盤的日子多過弄刀鏟，吃了將近六十年的菜館飯，揸算盤的歲月幾佔五分之三。「食在廣州」年代，在菜館揸算盤的人物，十九對飛刀弄鏟下過工夫的，甚麼是「陰油猛鑊」②、飛水或飛油③的訣竅毫不外行，同時下連「打荷」也沒經歷過的若干專家名廚是大有分別的。

廣州還有「滿漢素席」

七十年代因拆建而中止經營之大同酒家，馳譽食壇幾達半個世紀，有此成就，同整個組織的人物大有關係。香港飲食業之營業與出品兩個部門能精誠合作，始作俑者可說是大同酒家。董事長馮儉生固是肚內可撐船的人物；總管陳勝、經理黃耀，都是瑞典鞋王座右銘——「顧客永遠是對的」的信徒；出品部諢名「大隻甜」之吳甜，原精於點心而轉候鑊，凡做菜弄了兩個熱葷後，即向樓面打聽食客如何批評。「大隻甜」的虛心與敬業精神，使營業部同人精誠合作，事為生活社的社友所知，也大力向大同酒家學習。

名流莫慶榮是大同酒家常客，初度陪乃父幹生老先生在大同做客，素未謀面之升降機女侍應，一開機門，很禮貌地向莫老太爺道晚安。到了四樓，部長與女侍應也老太爺前老太爺後，視之如老主顧一樣的親切，莫老甚是開心。自是而後，莫老宴客也常假大同酒家。大同酒家於多變的飲食業中能享譽食壇數十年，實在不簡單。

② 陰油，即燒開後稍為冷卻的油。《食經》中有詳細說明。猛鑊，即燒紅的鑊。

③ 放在燒開的水或燒開的油裏，很快地一泡的意思。

二次大戰前後，香港的酒家擺有清一代最奢侈的「滿漢全席」或去「滿」字改「大」字的「滿漢」化身的「大漢全筵」，沒有二百次也超過百五十次，大同酒家已擺過六七十次。曾任營業經理三十年之黃耀先生曾說過：「連戰後第一計，共擺過三十九次。」大同酒家並曾先後刊印過大體仍保持「滿漢」風貌之「大漢全筵」菜譜。

凡吃「滿漢」，「南鑾」稱為擺「滿漢」，因「滿漢」必有擺桌，擺的是福、祿、壽三星像和八大仙、五瑞獸等寓意吉祥的東西，還有三十二圍碟，其中又有中看而不能吃的四水果、四看果八個「看碟」。據說「滿漢」有滿饌漢餚，如沒「看碟」，同一般筵席沒多大分別，難使食客發思古幽情。把「滿漢」改為「大漢」，也算是革新。點心的戟與批，其實是「cake」與「pie」音譯的洋點中化，這是舊時「滿漢」所沒有的。「食在廣州」年代，還有「滿漢素席」，據說為「齋王」李君白所創，菜譜已失傳了。近年更有「滿漢精華」，年前且在洛杉磯，由曾任美心機構中菜總教頭王錫良亮相過一次。

「看碟」像真又有畫意

香港二戰後，有人在大同酒家擺「滿漢」，設備與盛器具備，烹製更是斫輪老手，但缺一個會弄「看碟」的廚師，沒「看碟」則擺桌上缺活意。看果要栩栩如生，水果也要有詩情畫意。

大同沒弄「看碟」廚師，只好向工會物色，多日無應徵者。幾經明察暗訪，才有同業提議，找某酒家揸算盤之堃叔「拔刀」（要有好幾把大小不同的刀才可雕挖）相助。堃叔雖允鼎力，但年湮代遠的事，要翻箱倒篋找到資料道具才有辦法。終不負所托，替大同弄了四看果、四水果八個「看碟」，還製了幾款栩栩如生的點心，其中之一是白菜餃，完成二次大戰後香港食壇第一次擺「滿漢」的盛事。

「滿漢」的看碟，弄得見而悦之，因講究刀章功夫，但是在擺桌上經過兩三天，不變形不脱色還有「秘笈」，不明其中訣竅，經過雕挖水果的刀口，不到半天會塌形變色。清代廣州擺的「滿漢」，滿饌與看碟都情商滿籍大員之家廚客串。在「港人治港」前，香港可擺使人發思古幽情之「滿漢」，菜譜與割烹方法是傳自廣州的。

戰後第一次擺「滿漢」的是大同酒家，隨後也有好幾家菜館擺過「滿漢」。沒會弄「看碟」的高手，情商堃叔援力，來者都不拒。

「滿漢」始自乾隆在位

原是遊牧民族的滿人，統治中國以後，出現「滿漢全席」是天下太平的清中葉。乾隆皇帝一次南巡，訪海寧陳閣老，駐蹕「安瀾園」，主人搜羅滿人和漢族視為珍貴的物料，弄滿饌漢餚款待皇帝，當時並無「滿漢全席」之稱。其時富甲全國的是揚州鹽商，駐紮在揚州，宦囊豐滿之治黃淮官員，日常飲啖已極盡奢侈，門下清客且有專研飲食的，知道「安瀾園」用甚麼飲食款待乾隆皇帝以後，才弄出款待皇帝的一百三十品之「大滿漢」，王公大臣的一百零八品的「小滿漢」。乾隆南巡多次，且必經揚州。清末民初，揚州幾家有園林的大菜館如「迎春閣」、「醉仙樓」，仍有「滿漢全席」的招簾，看來擺「滿漢」最多的地方是揚州，其次可能是廣州，又其次是香港了。

近年大陸各種菜譜之刊行，有如雨後春筍，大搞宮廷菜，飲食祭酒所在地之北京，滿人寫北京飲食掌故最多，且稱權威之唐魯孫巨著《中國吃》，依記憶所及也沒提過「滿漢」。

在香港擺「滿漢」的，中外人士皆有。香港食壇能弄「滿漢」，可說是「禮失求諸野」，「食在廣州」的後遺，「南蠻」食藝一頁不尋常的記錄。

吃過「食在廣州」年代飲食業飯之堃叔，會弄幾個「滿漢」的「看碟」，不算得甚麼絕技，但以「南蠻」飲食業的「承先啟後，繼往開來」言，堃叔可稱瑰寶了。

「南蠻」割烹北京吃香

新者初也，凡開始曰新，舊之反也，修舊曰新。近年落成之香港演藝中心，三角形結構的建築，在香港是新的。香港九龍麒麟金閣菜館，食桌上的燈光，既非光亮如同白晝，也不是包公審郭槐的幽暗，不慣吃帶骨魚鮮之西人，可免骨鯁在喉，可說是新穎設計。

新出有時、地、人的不同。演藝中心的三角結構，早見諸於華盛頓。麒麟金閣的照明設計，同倫敦一家名為「浪童」的三星級法國菜館一樣。「浪童」開業已多年，則麒麟金閣及演藝中心的新，似乎是「溫故而知新」的「新」。

「溫故而知新」的「新」

世間的新，不知凡幾，其中不少是「溫故而知新」的「新」。故學術名堂有「歷史」這個名稱。學文或理的都讀過不同的歷史，如醫療記錄是學醫的必修科。德國史學家蘭克說：「學歷史的目的，不過是追求一件事情真真正正是怎樣的。」

中國古籍，記載與飲食有關的資料不少，可「溫」的「故」很多。「準師奶」或「有牌師奶」

或從事飲食業中人，讀《隨園食單》、《食經》及各式各樣的菜譜，就是「追求一件事情真真正正是怎樣的」，也可說是為了「知新」而「溫故」。

八十年代開始，美國的中國食肆，供應港式點心、港式餛飩麵、港式海鮮者不少。為甚不乾脆稱為香港餛飩麵、香港點心、香港海鮮？這因供應的三種食品，都是「南蠻」的，但同「南蠻」的有若干不同，就是「溫」了「南蠻」的「故」，「知」香港的「新」。

蝦餃是「南蠻」出名點心之一，傳統而正宗的蝦餃皮用澄麵、淡水鮮蝦，每餃一蝦，還有筍粒及肥瘦豬肉粒，量極少的肥肉且先用玫瑰露酒醃過，再洗去酒氣。九龍一家食肆賣港式蝦餃，也是每餃一蝦，模樣比傳統正宗的大一倍，這因海蝦比淡水蝦大一倍的關係，稱之為「港式」並無不合，也可說是「溫故而知新」。

「唐和番合」的「尾台」

去年檀島、多倫多、華府食壇出現一個「唐和番合」的「尾台」（雜碎館稱最後上席之甜菜為「尾台」），其實是不登大雅之堂的——「南蠻」甜食之一的「番薯糖水」。

「番薯糖水」焉可登大雅之堂，作宴客的「尾台」呢？不外是「溫故而知新」。

加州一位「南蠻」宴客，為省錢（紅心番薯每磅二角）弄其「番薯糖水」作「尾台」。先把番薯連皮煲熟，去皮後，弄之成蓉，加水及糖煮成糊狀。最後加些奶粉，盛之以器，上面加芫荽葉三片，當中放一粒大紅的車厘，成為三色的「尾台」，看來頗悅目。食客初不知帶芡的紅糊是難登大雅之堂的番薯，啖而甘之，因問是甚麼作料。主人答以紅心番薯，食客頗為詫異，紅心番薯哪會有脂肪的香？主人說是放了些全脂奶粉。客人後來在檀島、華府、多倫多弄這個番薯糊宴客，都有「唐和番合」的效果。加州的「南蠻」要是沒啖過「番薯糖水」，不會把它弄成糊，加些奶粉始香，成為新「尾台」。這又是「溫故知新」的一例。

坐四人夫轎的名廚

在美刊行英文《漢饌》之珠璣小館主人陳天機、江獻珠伉儷，年前發其思古幽情，約了幾名講飲論食之徒，假百德翠園，弄清末民初名重京師的「南蠻」譚球青的「譚家菜」，由教頭黎泰親自動手。啖過這頓菜的，都說是香港難得的美食。江獻珠對白切雞的鮮美嫩滑、桂魚蒸得火候恰到好處大為激賞。

黎教頭後來說明：稍懂「譚家菜」割烹的神髓與訣竅，得自伯公黎錦。座上客才知道黎教頭生長於廚林世家。

黎錦是清末民初，「食在廣州」年代前後，坐四人夫轎上門做菜的名廚。

清代廣州官場酬酢，講究氣派，重視排場。做官的尤好擺官架，六七品官赴豪門富戶及買辦階級宴會，入座後吃了鮑翅及鮑脯即離座打道回府。請的主客既是紅頂花翎之人物，名廚名菜不能或缺，於是名廚上門會菜，也穿長衫馬褂，坐四人夫轎，成了風氣，非此不夠排場。上門會菜的名廚，一切早已由副手安排，只動手裙翅或鮑脯的「推芡」，即到飯廳的屏風後邊，聽主客如何批評後，就解去圍裙，離開豪門巨宅了。

黎泰是廚林鬼才

豪門巨宅都有家廚，惟像清末江孔殷之「太史第」有名廚主政的則不多。大排筵席或正式宴客，多光顧大餚館。所謂大餚館，等於當年北京辦紅白二事筵席的飯莊，有不掛招牌及掛招牌的。不掛招牌的多辦代庖（客人買作料）的筵席，取價較廉的有堂字號的飯莊；不掛牌的廚師稱為口上的廚師。黎錦主理廚政的是小東門麗水坊之生記館。黎泰之叔也是四五十年代之廚林高手。

黎泰年十二，開始在生記館剝蒜頭衣，未屆丁年已隨乃叔赴澳門闖天下。後生小子的二十歲，已在廚林出頭露角。澳門富豪區萬勝要擺八十五席壽筵，只黎泰侄叔主持之海角皇宮敢接辦。近千人的壽筵，歷史悠久之菜館不敢接辦，乃由於人力、物力、設備等不足調配，黎泰卻想出新招。一次，名流趙善覺在私邸宴客，開席時間將屆，仍未見主廚上門，主人頗為焦急，問黎泰：「師傅來了未？」黎說：「來了。」開席後酒過三巡，主人因事入廚房，見到飛刀弄鑊的並不是廚師，而是說過廚師「來了」的後生小子。黎泰個子不高，又屬鋼條體型，雖二十出頭，予人的印象不過是乳臭剛除的少年。黎泰諢號「桂魚仔」，同體型有關。年廿二已在食肆出品部擔大旗，無怪飲食業前輩強人李樹深說黎泰是個鬼才。

「南蠻」全能廚師之一

廚林世家嫡傳之黎泰，髫齡開始對飛刀弄鑊的功架已耳濡目染。三十而立以後，又在麵點方面發展，繼而又經營過燒滷食肆。不惑之年前後，又重在案台與味架之間飛刀弄鑊以至於今。

五十年代香港酒店旅遊業強人楊志雲先生，擬送「南蠻」全能廚師三個半人之一的陳貴初赴法參加國際廚藝大賽，終未成事實。今陳貴初、楊志雲兩先生已駕鶴西歸，當年兩名半「南蠻」全能廚師如健在，想亦難飛刀弄鑊了。

「南蠻」全能廚師並無速成，多由「水台」①出身。先做剝蒜皮、刮薑皮等工作，繼而是「下

① 粵菜廚房的職位，為最低的工作，負責洗菜、切菜等。

雜」、「上雜」、「打荷」、「筆貼式」、「候鑊」——這是菜館的出品部門。大概在民國十年（公元一九二一年）前後，才把「燒滷」拼進去。兼營茶室的菜館，還多一個點心部。上述任何部門、任何崗位可以「埋架」而不毛手毛腳的，才可稱為全能廚師。

如在各個部門沒有浸淫過若干歲月，凡「架」未必一定可「埋」。黎泰髫齡開始吃菜館飯及今，將屆耳順之年，以從事多變多姿的飲食行業經歷而言，八十年代「南蠻」全能廚師榜上，相信不會沒有諢號「桂魚仔」黎泰這個大名的。

晉級廚林「通天教主」

年前黎泰在北京之「世界之窗」亮相了幾手刀鏟招式，品嚐過的頭頭甚為欣賞，由是而邀黎泰任教頭。

飲食「祭酒」所在地之北京，各路廚林高手甚多，不以黎泰是官話說得不正之「南蠻」，要求他把妙技傳授給說京片子的後進，可說是異數。黎泰任教頭有年，今則晉級為廚林「通天教主」。菲、日以外，南教至天涯海角更南之南洋州府，北教至北京，黎教頭的成就，雖是個人的實至名歸，卻使「南蠻」割烹技藝也沾了點光。

八十年代以後，太平洋之東，飲食業賺過大錢的，專家與名廚橫越太平洋的西邊，從事水變財的買賣，除極少數可把水變了財，大部分卻把財化水。就所知，六年來沒把一億美元化了水，也不會少過七八千萬。斫輪老手接二連三地品嚐了滑鐵盧的滋味，此中原因說來長過一匹布，專家及名廚的「成色」不足，也許是主要問題之一。尤其新紮師兄，雖在飲食行業混過六七年，即使擔過大旗，「新知」固有限，「溫故」尤不足。異地他邦的社會結構不同，專家對人際關係摸不清，名廚妙技如不被歡迎，欲「轉之二章」，又因「溫故」不足，致難「知新」，於是逃不出財變水的結局。

曾見報上刊明專家名廚主政的大菜館，弄的「乾貝雙蔬」，雖有不少乾貝絲，卻全沒乾貝的鮮味；「帶子海參」的海參片，沒經過「扣」的程序，同食客飲啖官能接觸反應是淡而無味。這位名廚可能是速成班出身，弄這樣的名菜，似難使食客有「好食翻尋味」的收效。

附錄

以下摘錄自胡樸安（一八七八年至一九四六年）的《中華全國風俗誌》。其中一段廣東宴會的描述頗有趣味，對了解近代廣東的飲食情況有一定的參考價值，故錄於後。

廣東之酒樓，其制大抵均為四樓，每家房間約二十餘至四五十不等，不曰房而曰廳，廳不分房，而別以楊柳、芙蓉、青梅、紅杏、太白、少陵、鴻儒、白玉等種種名色，頗不惹厭。此等廳房之組織，均用極珍貴之品，估其價值，每廳有達數千元者。開銷既巨，自不得不取償於顧客。大約每廳大者可客二席，小者一席。廳有租，大者每天八元或六元，小者四元至二元、一元。若逢年節佳日，有增至數十元者。酒樓規則，例無小賬。每客一茶，價目二毫至四毫，麵水亦然。席間所用醬醋介質，每人一份，均另外加錢，不在茶價之內。菜以魚翅為主要之品，其價每碗自十元至五十元；十元以下，不能請貴客也。翅長數寸，盛以海碗，入口即化，鮮美酥潤，兼而有之。然以羣樂、南園兩家為最，此外亦未必盡能合法。常有以數十元之重價，而得惡劣之製品者。此外若燒豬、燕窩等亦為珍品。至平常之菜，大約自八元至十元，亦頗冠冕矣。酒類甚繁，山西之汾酒與浙江之紹酒，均為社會所歡迎。紹酒價格，每斤常在三四毫間。又有土產之酒頗多，其普通者為白糯米、黑糯米二種，味甘而性亦甚烈。

若軍政兩界及巨商富紳之宴會，則多用洋酒，其價更昂。試以普通宴會之價值計之，廳租四元，茶資四元（以十人計），麵水四元，瓜子二元，水果一元，乾果一元，牌租一元（粵中打牌不抽頭，每牌一副，租金五毫），翅二十元，菜十元，雜項十元，洋酒十元，則已為六十餘元矣。若更加燒豬、燕窩、點心、汽水，或叫局唱戲，並小賬及客人之轎班、差役等堂金，則已在百金左右，猶為尋常之宴會也。

後記

被大家目為公器的報紙，人們説可反映一個社會的多方面。拿香港來説，在書報攤上一掠，就發現香港每天出版的刊物，超過半百，除了時事及綜合性的報刊，及「黃色」者外，「馬經」已佔五分之一。這種現象，正足反映這個社會的言論相當自由，並可概見廣大市民的興趣傾向，僅賽馬學問的研究，已由廣泛至於尖端。

炎黃子孫的社會，自從沒有皇帝管治以後，公器事業相當發達。三十年代，黃埔灘上的公器，長篇小説已有刊在第一版左下角，所佔位置，竟達八分之一版的。它們每天報導時事，評論世局，且及於精神食糧的供應。

抗戰勝利後，公器事業更突飛猛進，無聲的，有聲的，繼而是有聲及有色的，給予人們的視聽官能忙不過來。無論有聲或無色，有聲或有色的，新的名詞叫做「傳播媒介」，簡稱為「傳媒」。

隨着時代的變化與進展，各種「傳媒」的台前幕後皆動用不少人力物力，力求滿足社會大眾的需要。老拙在無聲的「傳媒」混升斗多年，擔當過並無票房紀錄的，像「第八藝術」的「臨記」、京戲的「雜角」、粵劇的「拉扯」角色。

舊時的粵劇，有正本戲、二出頭、三出頭的。後來把正本戲擴編多場，撤消二出頭、三出頭。

三出頭午夜二三時開演，生旦全是三四幫，正印佬倌是不露臉的。在三出頭戲裏做「拉扯」的老拙扮過「食經」這個角色，大概唱的板眼、敲的功架，還算不離譜，有些微不足道的票房紀錄，一氣露臉了好幾個春秋。台下觀眾說，「拉扯」當這個角色，還以老拙是始作俑者。

六十年代以後，在湖海闖蕩，偶遇昔年的觀眾，每提及「何故用有點古怪之『特級校對』亮相？」老拙惟一笑置之。直到一九八八年夏在香港，仍有看眾提此問題。

超過三分之一世紀，如煙的往事，今浮一大白，諒不至會泛起甚麼漣漪吧！

五十年代開始，老拙混飯吃多年之「傳媒」，穿文武袖，背插帥旗之正印佬倌，忽而要改變「戲路」。

「戲路」突改，慣於欣賞蕭伯納的《賣花女》腔調之殖民觀眾，聽得不大順耳，也看得不大順眼，致票房紀錄不斷下跌；為了阻跌回升，加演「娛樂」這個新出頭。中有《食經》一場，有票房紀錄的佬倌無法分身，主班政的不得不學諸葛孔明的一招「蜀中無大將，廖化作先鋒」，以「拉扯」擔當「廖化」這個角色。聲腔向來沙啞之老拙，一朝要學唱新腔，因難抗五臟廟菩薩之命，不得不從。心底裏則早已蘊結了難以言宣的無奈！但《食經》的劇中人不能沒有擔當這個角色的萬兒，逐填進「特級校對」，藉作自我揶揄而已。

八十年代末期，全球掀起「翻案風」。要「翻案」，則「根據事實，憤筆直書」之史學家們，生意會大為興隆。不度德、不量力之「拉扯」，竟敢東「拉」西「扯」地堆砌《粵菜溯源錄》，可說名副其實地「越俎代庖」。如此斗膽，由於熱愛「南蠻」之山川人物，且及於飲啖。其實炎黃子孫一部食史，「南蠻」應佔重要的一章。怕史學家太忙，「拉扯」其源，聊作引玉之拋磚云耳。

特級校對

一九八八年八月於香港